U0153446

Easymoney系列 8

第一次買保險就上手

這是我讀過的保險書籍中，最實用的入門工具書。

國泰人壽總經理

劉秋德

這本書可以幫你活得高枕無憂，同時替你省下很多沒必要花的保險費。

Smart理財生活月刊社長

童再興

保險雖複雜，但小短文配合小圖片鐵定讓你發現〝保險其實很容易〞。

暢銷書《精算大師》作者

蔣雄進

作者簡介 陳忠慶

學歷：國立政治大學政治研究所畢業、
美國德州大學（奧斯汀）政治系博士班肄業
經歷：取得美國房地產、共同基金、保險、期貨和綜合證券等5項經
紀人執照。曾任元富證券投資信託公司副總經理、怡富證券投
資信託公司副總經理、怡富證券投資顧問公司副總經理、中信
理財諮詢中心顧問。
著作：《花錢也能賺錢》、《個人理財手冊》、《個人節稅手冊》、《
個人理財測驗》、《非常理財手冊》、《做自己的理財顧問》等
現任：Smart理財生活研究總監

目錄

目錄

如何使用這本書

本書專為「第一次」買保險的人而製作，對於你可能面對的種種疑惑、不安和需求，提供循序漸進的解答。為了讓你更輕鬆的閱讀和查詢，本書共分為8個篇章，每一個篇章，針對一項「第一次買保險」的人所可能遭遇的問題，提供簡潔的說明。書末並有附錄供讀者參考。

顏色識別
為方便閱讀及查詢，每一篇章皆採同一顏色，可依各顏色查詢。各篇章有不同的識別色。

大標
當你面臨該篇章所提出的問題時，必須知道的重點以及需要解答的疑問。

流程圖
介紹重要的概念和流程，幫助你輕鬆建立正確的投資觀念。

篇名
「第一次買保險」所遭遇的相關問題。可根據你的需求查閱相關篇章。

內文
針對大標所提示的重點，做You簡意賅、深入淺出的說明。

---

step by step 第 1 篇 我需要買保險嗎 step by step

保費就是轉移風險的費用，如果你有這種觀念，就不會覺得保險是平白把錢給人家花。

爲什麼要買保險

需不需要買保險，從「錢」去著眼，比較容易心領神會，買保險就是買經濟上的保障。如果我們碰到意外事故發生，會造成經濟上的損失，自己無力承擔，或不願承擔，就需要買保險，將損失轉嫁給保險公司，從保險公司獲得金錢的補償。當然，保險公司不會平白拿錢出來消災，你必須和他們有某種約定，為了取得這種約定，你必須付錢，這就是保費。

花錢向保險公司買保險

保險公司

1.於保戶發生意外時，理賠給保戶
2.於約定繳費期滿後，還款給保戶

保戶

理賠保戶

書眉小色塊
依本篇章內容排列，讓讀者對本篇內容一
目了然。色塊部分表示該頁所在位置。

dr. easy
無所不知，體貼細心的易博
士，為「第一次活用存款」
的你提供實用而關鍵的建
議。

小標與說明
進一步分析內容重點，讓你
對申報所得稅有較深入的認
識。

買保險有什麼好處

　　保險的基本功能是提供財務上的保障，另外，就理財的觀點
言，人壽保險還有以下2個功能：（1）儲蓄；（2）節稅。

金手指事件

　　　　國內曾有一被保險人在出國旅行前陸續向好幾家
保險公司投保旅行平安險，累計投保金額高達2億1千
萬元。後來在大陸被人切斷食指，被保險人向保險公司要求
理賠保險金額的10%（傷害保險第6級
第27項，此項現已降為保額的5%），約
2,100萬元，各保險公司以該保戶投保
金額太高有道德危險而不理賠，最後雙
方告到法院去。

info
重要數據或資訊，輔助你
學習。

一般來講，人生因各
階段的不同，有不同
的生活重心，家庭情
況也不相同。以保障
需求來說：
1. 已婚者 > 單身者
2. 資產少的人 > 資產
　 多的人

quotes
理財專家的建議，發人深省
的雋永名句。

保費計算step-by-step

step 1 依性別找出費率表

step 2 計算被保險人投保年齡

warning
警告、禁忌或容易犯的小錯
誤，提醒你多注意。

stories
趣味小故事，過來人的經驗

step-by-step
具體的步驟，幫助「第一次買保險」
的你清楚使用的步驟。

第一篇
我需要買保險嗎

step by step

面對保險業務員的緊迫盯人，
你該如何招架？

本篇教你

☑ 買保險的正確觀念

☑ 認識保險的好處

☑ 正確的投保步驟

爲什麼要買保險

需不需要買保險，從「錢」去著眼，比較容易心領神會，買保險就是買經濟上的保障。如果我們碰到意外事故發生，會造成經濟上的損失，自己無力承擔，或不願承擔，就需要買保險，將損失轉嫁給保險公司，從保險公司獲得金錢的補償。當然，保險公司不會平白拿錢出來消災，你必須和他們有某種約定，為了取得這種約定，你必須付錢，這就是保費。

保費就是轉移風險的費用，如果你有這種觀念，就不會覺得保險是平白拿錢給人家花。

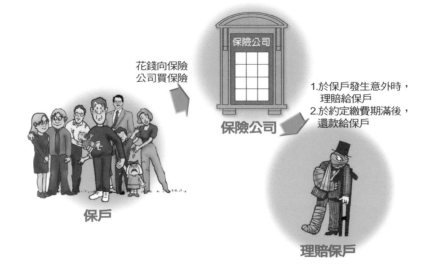

花錢向保險公司買保險

保險公司

1.於保戶發生意外時，理賠給保戶
2.於約定繳費期滿後，還款給保戶

保戶

理賠保戶

誰需要買保險

　　純就投保壽險尋求保障來說，不是人人都需要保險。因為保險是保障依賴他人收入而生活的人，如果沒有人依賴你而生活，基本上是不用買保險。不過，如果你有其他財務需求，如儲蓄、節稅等，或自己懂投資理財，也可考慮購買其他合適的保險。

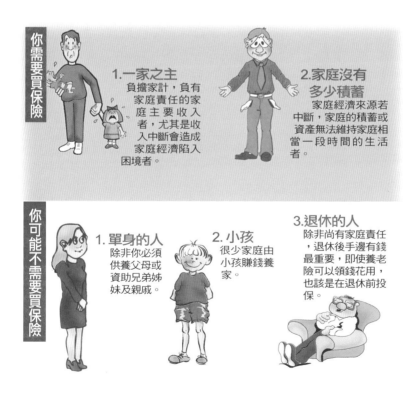

你需要買保險

1.一家之主
負擔家計，負有家庭責任的家庭主要收入者，尤其是收入中斷會造成家庭經濟陷入困境者。

2.家庭沒有多少積蓄
家庭經濟來源若中斷，家庭的積蓄或資產無法維持家庭相當一段時間的生活者。

你可能不需要買保險

1.單身的人
除非你必須供養父母或資助兄弟姊妹及親戚。

2.小孩
很少家庭由小孩賺錢養家。

3.退休的人
除非尚有家庭責任，退休後手邊有錢最重要，即使養老險可以領錢花用，也該是在退休前投保。

買保險有什麼好處

保險的基本功能是提供財務上的保障，另外，就理財的觀點言，人壽保險還有以下2個功能：（1）儲蓄；（2）節稅。

儲蓄的功能

人壽保險中有一種主要的險種是儲蓄保險或養老保險，可以在保險期滿後領回約定金額（稱為滿期金），或期滿後終身分期領回滿期金，購買這類保險，除了保障外，還可以儲蓄。

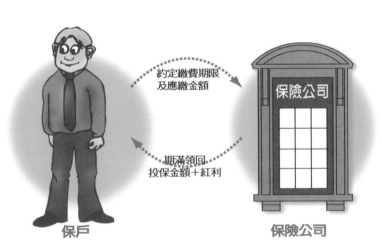

約定繳費期限
及應繳金額

期滿領回
投保金額＋紅利

保戶　　　　　　　　　　　　　保險公司

節稅的功能

　　妥善安排自己的保險，可以在下列3方面發揮節稅的功能：（1）綜合所得稅；（2）遺產稅；（3）贈與稅。

1. 綜合所得稅

依現行稅法規定，每年在申報綜合所得稅時，可以利用列舉扣除額中的「人身保險費」項目，達到節稅的效用。根據規定每人每年最多可扣除24,000元，若你一年保險費總計繳了20,000元，則可扣除20,000元；但超過24,000元，最多也只能扣除24,000元。但這項保險費是以「人頭」計算，若一家4口有人壽保險，最多可扣除96,000元（24,000元×4）。

年繳保費 ▶	**20,000** 元	每人申報所得稅可扣除費用 ▶	**20,000** 元
年繳保費 ▶	**24,000** 元	每人申報所得稅可扣除費用 ▶	**24,000** 元
年繳保費 ▶	**35,000** 元	每人申報所得稅可扣除費用 ▶	**24,000** 元

step by step

2. 遺產稅

依遺產及贈與稅法規定，投保壽險所取得的保險金（理賠金）不必列入遺產總額繳納遺產稅，如果被繼承人的遺產總額達到應該課稅的額度，也可以利用保險的理賠金來繳納遺產稅。

3. 贈與稅

現行稅法規定，贈與財物給他人每人每年有100萬元的免稅額，父母可以利用這100萬元以小孩的名義（即做為要保人）為父母買保險（即父母為被保險人），將來父母身故，拿到的保險金不必繳遺產稅。如果買滿期可領回的儲蓄險，並以小孩為滿期受益人，將來領到滿期金，可以不必繳贈與稅。或者，也可以小孩為被保險人，將來領取滿期金也可以免繳贈與稅。

贈與 金額 ➤	現值 **1,000** 萬元 的房子	免稅額 ➤	**100** 萬元	課稅 金額 ➤	**900** 萬元
贈與 金額 ➤	保險金 **1,000** 萬元	免稅額 ➤	**1,000** 萬元 (完全免稅)	課稅 金額 ➤	**0** 元

要讓保險金免課贈與稅，必須以小孩為受益人或領回滿期金的受益人。

透過保險來儲蓄有幾個好處：
1. 身故保險金或滿期金可以完全免稅
2. 不會有虧損賠錢之虞

有健、勞保，還需要買保險嗎

　　雖然大部分的人都有健保和勞保，但是保障有一定的限制，給付方式也有差別。分述如下

　　1.健保：健保保障只限於一般的基本醫療，並未涵蓋壽險方面的死亡及殘廢給付。而且不是到醫院看病就可以不花錢了，還是需要自行負擔部分醫療費用，而且不一定能符合你的醫療品質需求。

　　2.勞保：以現金的方式給付。除了針對生育、傷病及殘障提供定額的補助外，也包含壽險的死亡及老年給付，不過相關的保障都只能夠應付最

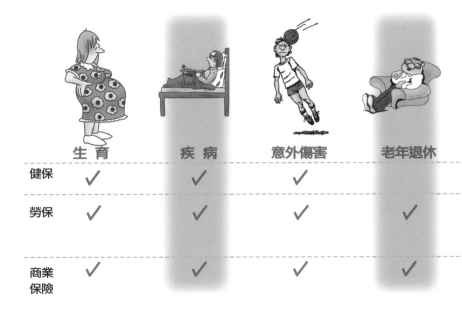

	生育	疾病	意外傷害	老年退休
健保	✓	✓	✓	
勞保	✓	✓	✓	✓
商業保險	✓	✓	✓	✓

基本的需求。例如你的月薪是10萬
元，公司每月為你投保的薪資是
40,100元，死亡給付最高只能夠領
到35個月，也不過1,403,500元
（40,100×35）；退休時最高可領45
個月，也只是1,804,500元（40,100
元×45）。

光靠健保、勞保
無法做到完整的
保障，還是需要
買商業保險來補
不足的部分。

殘 障	死 亡	説 明
		健保局提供部分補助，自己須負擔部分費用
✓	✓	勞保局給付現金，不過保障有限制，例如死亡給付最高只給投保薪資的35倍；退休只給投保薪資的45倍。生育、疾病及意外傷害只提供定額補助費。
✓	✓	由保險公司給付現金，保障沒有上限的限制，你可以依你的需求及能力，購買你需要的保障額度。

買保險要花很多錢嗎

買保險需要支出的費用，就是保險費（保費），需要花費多少保費，要看你買什麼險種和投保多少保額而定。一般而言，保費的高低和下列幾個因素有關：（1）險種；（2）性別；（3）年齡。

險種不同費用有差

以一般壽險為例，定期險的保費最低，其次是終身險，最高的是儲蓄型保險。下圖以某壽險公司的定期保險、終身壽險和儲蓄險為例。

差了**23**倍！
假設一位30歲男性投保100萬元，投保年期（也就是繳費年期）為20年

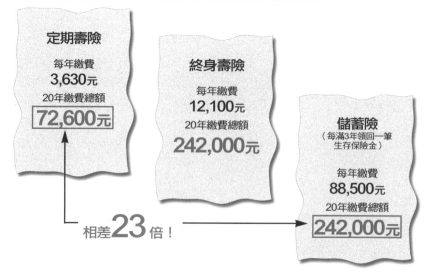

定期壽險
每年繳費
3,630元
20年繳費總額
72,600元

終身壽險
每年繳費
12,100元
20年繳費總額
242,000元

儲蓄險
（每滿3年領回一筆
生存保險金）

每年繳費
88,500元
20年繳費總額
242,000元

相差**23**倍！

女性保費比男性低

通常女性的保費比男性來得低，如果同樣保障、同樣年期的保險是由30歲的女性和同年紀男性購買，則保費差異分別如右圖所示。

年紀越大保費越高

另外，年齡大小也會影響保費的高低，年齡越大，保費越高。如果同樣是男性，但40歲才買保險，無論買哪一個險種，都比年紀較小的來得貴。

30歲男性
定期壽險
3,630元／年
終身壽險
12,100元／年
儲蓄險
88,500元／年

30歲女性
定期壽險
2,430元／年
終身壽險
9,600元／年
儲蓄險
82,900元／年

男比女貴
假設投保金額100萬元，投保年期為20年

越大越貴
假設投保金額100萬元，投保年期為20年

30歲男性	40歲男性
定期壽險 3,630元／年	定期壽險 7,580元／年
終身壽險 12,100元／年	終身壽險 19,800元／年
儲蓄險 88,500元／年	儲蓄險 105,400元／年

買多少錢才夠

因人而異。你必須根據家庭狀況、財務情況及保障需求來盤算。至於如何計算夠不夠用，建議你可以從下面幾個方向估算：（1）以保障家庭生活為主；（2）以儲蓄退休金為主。

> 就購買保險尋求保障的觀點來看，生活需求法的計算較實際。通常5年已足夠讓一個家庭從破敗中再起。

以保障家庭生活為主

你可以下列2種方式估算，到底要買多少保額的保險才夠：（1）生命價值法；（2）生活需求法。

1.生命價值法

估算公式

保險金額＝(個人年所得－個人年支出)×(預定退休年齡－目前年齡)

案例：假設你今年40歲，每年所得為60萬元，扣除所得稅及個人花費約15萬元，每年可有45萬元做為家用；你準備60歲退休，計算方式如下：

保險金額＝（60萬元－15萬元）×（60－40）
　　　　＝ 900萬元

> 其實，以這種方式計算「生命價值」時，還應該把與通貨膨脹相關的調薪因素加計進來。

2.生活需求法

估算公式

> 保險金額＝家庭5年內生活費用＋教育基金＋未償債務
> ＋其他應支付款＋最後支出

案例：假設你家庭每年的生活費用是36萬元，孩子的教育金為150萬元，現有尚未清償的房屋貸款為230萬元，預估最後支出包括醫療費用加喪葬費用是100萬元，計算方式如下：

保險金額＝36萬元×5＋150萬元＋230萬元＋100萬元
＝660萬元

> 不過這種方法忽略了一個因素，那就是家庭的積蓄。假定家中有100萬元的積蓄，所需保額應是660萬元減去100萬元，為560萬元。還有，如果你的公司幫員工投保團體保險，也可以將這部分扣除。

以儲蓄退休金為主

估算公式

> 保險金額＝退休後每年生活費用×
> （國人平均壽命－預定退休年齡）

案例：你預估退休後每年的生活費用（包括醫療費用）為70萬元，準備60歲退休，國人平均壽命約75歲，計算方式如下：

保險金額＝70萬元×（75－60）
＝1,050萬元

info

保額vs.保費
保額指的是保險金額，就是當初買保險的投保額度，也是將來可以領到的保險金額；保費指保險費，就是你定期要付給保險公司的錢。

買保險會被騙嗎

如果被騙的定義是花了錢而得不到應有的保障或相關利益，或權益遭受損害，答案是：有可能。通常保險公司不會設計蓄意欺騙保戶的產品（即使會，主管機關也不會核准販售），也不會在作業上故意欺騙保戶，所以，如果會受騙上當，都是出在業務員身上，由不當銷售造成。因此，當你買保險時應注意下列幾個重點。

1. 賣給你不符合需求的保單

有些業務員為了達成業績，往往忽視你的實際需求，誇大不實的吹噓某些高佣金的產品，例如賣一張有滿期金50萬元的儲蓄險給一對剛有小孩、收入不多的小夫妻，對單薪小家庭而言根本沒有什麼作用，這種家庭需要的是保額較高、保費較便宜的定期險。

小心業務員的不當銷售

不想受騙，就要讓自己對保險有清楚的了解，根據需求而非人情買保險。

2. 不夠誠實

有些業務員擔心公司拒保，故意不提醒要保人有告知健康實情的義務，導致日後無法獲得理賠。

3. 未善盡告知責任

例如只告訴要保人必要時可以退費，但不說明可以退保的「反悔期」或「猶豫期」是有期限規定的，必須在收到保單的10日內提出退保的要求，也就是所謂「10日契約撤銷權」，結果造成消費者權益受損。

買了保險，真的就高枕無憂

不要以為你買了保險，就真的可以高枕無憂，因為保險公司提供的保障是事故發生後才給付約定的補償，有些事故發生後是否能得到預期中的理賠，也常有事與願違的情形，甚至引發糾紛。以下是幾個保險公司和保戶常見的糾紛情況。

1. **保險有除外不賠條款**
以人身保險來說，無論是人壽保險、傷害保險或健康保險，都有一些所謂「除外責任」不賠條款（見第152頁），保險公司是不理賠的，因此在買保險之前務必仔細看清楚。

保險不一定保險

保險不是萬能的，而是就人生中重大風險的損失投保。

2. 理賠情況可能事與願違

以傷害險來說，因傷致殘的理賠是按等級給付不同比率的保險金額（見第148頁），像第20項「一手含拇指及食指有四手指以上缺失者」，及第22項「一足五趾缺失者」都屬第4級，僅給付保險金額的35％。但如果你因傷導致左手的拇指、食指、中指都缺失，或造成右腳只剩小腳趾，能不能獲得理賠呢？答案是不能。

3. 保險定義「從嚴」解釋

保險公司對「意外」的定義通常是採「從嚴解釋」的立場，依保險條款的定義，「意外」是指遭遇「非因疾病引起外來突發事故，並因此使身體受到傷害或因此殘廢或死亡」，才屬於理賠的範圍。那麼吳老太太因心臟病發落水溺死，她保有100萬元的意外險，能不能獲得理賠呢？答案也是不能。

如何第一次買保險就上手

　　為自己買一個切合實際需要的保險並不困難，進行的過程中，只要時時提醒自己或問自己是否清楚買保險的一些相關層面，就很容易做到第一次買保險就上手。只要花點時間根據本書的介紹，step-by-step進行，買一個經濟實惠，同時保障周全的保險，並不困難。

為什麼買
釐清自己是不是需要保障，也就是財務相關的補償，如果不需要，其實不用買保險，例如退休老人不需純保障的壽險，因為已經沒有人依賴他（們）生活。

誰需要買
不是每個人都需要買保險，如果需要，也要針對自身情況的變動購買或調整，例如由單身變成已婚，或小孩出生，或由租屋變成自己購屋等，都會使本身的財務情況受到影響，需要調整保險。

選哪家公司、哪個業務員

也就是選擇你覺得可以信賴的保險公司和業務員,詳細和對方溝通、研究,然後規劃最符合你需要的保單。

如何買

買保險有一定的流程,不外了解需求、選擇保險公司及業務人員、確定保障內容、進行實際投保的程序等,都可以Step by Step一步一步掌握、進行。

何時買

買保險是保障依賴你生活的人可以過日子,不是保障你自己的生命或身體不受傷害,所以在有人依賴你生活時才買保險是比較恰當的安排,剛出社會、單身又無須奉養雙親的人,不須在收入微薄、財力有限的時候就買保險。

買什麼

天下沒有最好的保單,只有最適合自己需求的保障,例如年輕收入不多時,買保費低、保障大的定期保險,比買保費高、但有滿期金的儲蓄保險來得合適。

終身保障

郵局簡易人壽
定期保險
健保

儲蓄保險

保險

第二篇
保險有幾種
step by step

這麼多種保險，

到底有什麼不同？

本篇教你

- ☑ 弄懂保險的好處
- ☑ 分析各種保險的特點
- ☑ 認識保險的各種限制

保險有幾種

保險依被保險的標的來區分，可分為「人身保險」和「產物保險」兩大類。前者保「人」，指生命和身體；後者保「物」，指投保人所要保障的財物，如汽車、房屋等。本書主要以人身險為重點，產物保險則不在介紹範圍之內。

與個人或家庭相關的保險

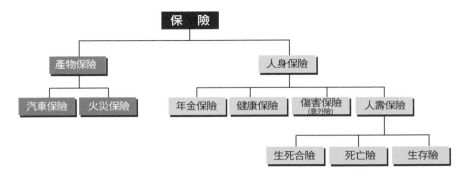

主約vs.附約

保險依保單是否可以單獨販賣，又分為2種：

1. 主約：就是主契約，有時稱為主壽險，指本身就可以單獨販售的保單，例如終身保險、定期險等

2. 附約：就是附加契約，指不能單獨販售的保單，你必須買了主約後才能投保，例如住院醫療險、失能險等。

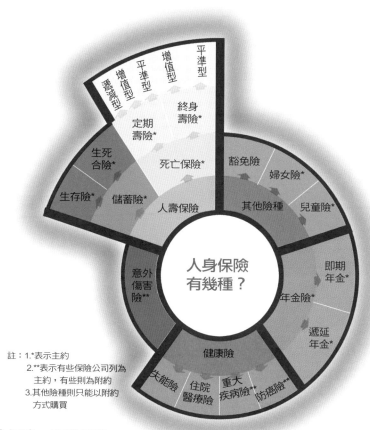

註：1.*表示主約
　　2.**表示有些保險公司列為
　　　主約，有些則為附約
　　3.其他險種則只能以附約
　　　方式購買

社會保險vs.商業保險

　　保險若以接受保險提供保障的單位來區分，可分為下列2大類：

　　1. 社會保險：由政府機關辦理，以人身保險來說，全民健康保險由中
央健康保險局辦理；勞工保險由勞工保險局辦理。

　　2. 商業保險：由商業性的保險公司辦理，例如一般保險公司的壽險、
健康保險、傷害保險，都屬於這一類。

定期保險

　　在約定的期間內，如果被保險人死亡或全殘，保險公司將依照約定給付保險金的保險。若保險期間屆滿，被保險人仍然生存，也不再受保障，若被保險人於契約屆滿後死亡，受益人也無權向保險公司要求保險金。

　　例如李小明於25歲時投保20年期的定期險，保額100萬元。當20年期屆滿時，如果李小明仍然健在，保險公司不必給付保險金；若李小明在20年內死亡，則保險公司須給付100萬元的保險金。

25歲　此期間內死亡可獲100萬元理賠　**45**歲　不理賠

投保100萬元　　　　　　　　　　　　繳費期滿
20年期

定期險的保障有3種

　　依保障額度（也就是身故時所能領到的保險金）不同，定期險又可分以下3種：

　　1. 平準型：保障額度在保險期間內均維持不變。

　　2. 增值型：保障額度逐年增加，可照顧到通貨膨脹的顧慮，通常保費也較高。

保　　費	低
適合對象	1.收入不多又需要保險保障的人，例如工作不久的社會新鮮人或需要養育子女的小康家庭 2.有房貸負擔的人（可買遞減型定期險）
建　　議	若日後經濟情況改善，可以在契約有效期間內，在所購買的保險金額內轉換為終身保險或養老保險。

3. 遞減型：保障額度逐年減少，購買這類保險是認為經濟情況或積蓄會逐年提升，所以保障可以逐漸減少，因此保費也是3種中最低的。

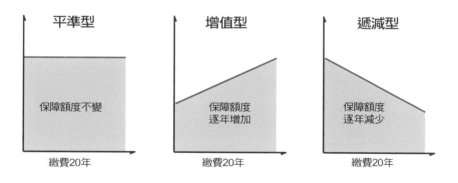

定期保險和終身保險都有一些不理賠的項目，投保時務必看清楚。詳見第152頁。

終身保險

　　這是保障終身的保險，也就是保障一輩子，一直到死亡為止。當被保險人死亡，保險公司就要依約定金額給付保險金。依繳納保費期間的不同可區分為以下2種：

　　1.終身繳費終身保險：在終身保障期間，要一直繳費至被保險人死亡或全殘的那一天。

| 保障期間 |
| 繳費期間 |

投保日　　　　　　　　　　　　　　　　　　　死亡或全殘

　　2.限期繳費終身保險：繳費繳到一定年限（例如10年、15年、20年等）後就可以不必再繳，但保險契約終身有效。繳費年限可由投保人自己選擇決定。

保障期間
繳費20年　　　　　　　　　　　不用再繳費仍有保障

投保日　　　　　　　　　　繳費期滿　　　死亡或全殘

終身險的保障有2種

　　終身保險依可以領回的保障金額又可分為以下2種：

　　1.平準型：投保人當初投保的金額和身故所領取的保險金額相同。例如投保100萬元，就領取100萬元。

保　　費	中低
適合對象	有家庭負擔又不可能提早退休的中等收入者
建　　議	終身繳費終身險的保費負擔較輕，但對年老無工作能力、也沒有積蓄的人而言，也是一種負擔。若有此種顧慮，可選擇限期繳費，或保單條款中明定可以轉換保單的保險。

　　2.增值型：投保人投保一定的金額後，繳費期間，保額會依約定的利率增值，所以身故除領取一定金額的保額外，還有保單增值可領。例如投保100萬元，明定以5％單利增值，繳費20年，若繳費期滿後身故，可領回投保的100萬元，加上增值的100萬元。

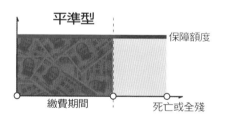

平準型

保障額度

繳費期間　　　　死亡或全殘

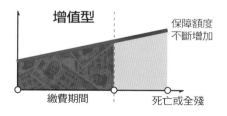

增值型

保障額度
不斷增加

繳費期間　　　　死亡或全殘

Info

有些帶有儲蓄險強調生存保險金的給付可以活得越久，領得越多，但所謂到你身故，有些保險公司是算到99歲，有些算到105歲，然後給你一筆「祝壽金」，就跟你「了」了。

儲蓄保險

　　保障之外也帶有儲蓄的保險，具有保障和儲蓄的雙重功能。一般而言可分為：（1）生存險；（2）生死合險。

生存險

　　以被保險人生存為保險金給付要件的保險。購買這種保險，當被保險人於保險期間屆滿仍健在時，保險公司須依約給付保險金。

　　這種保險的給付要件是被保險人於保險期滿後仍然存活，投保期間身故並無保障。通常，買這種保險是希望在一定期間後，可以獲得一筆資金來應付特定的需要，像子女教育費或購置汽車。所以生存保險事實上就像是儲蓄，有人因此也稱為「儲蓄保險」。

繳費期間身故不理賠　　　　　　　保障期間身故理賠

投保日　　　　　　　　　　繳費期滿　　　　　死亡或全殘

stories

也曾風光過……

　　生存險在1970年以前，幾乎是壽險的主流，因為當時國民所得低，又不太了解保障的意義，所以，壽險市場差不多是短期生存險的天下。1966年7月，政府為促使壽險業轉向中長期發展，

保　費	中等

適合對象 希望在一定期間後，可以獲得一筆資金的人

建　議 生存險的投保年期越長，保費越便宜；投保年齡越大，保費也越便宜。

規定壽險公司自1967年起，不得簽發5年以下的生存險保單，並倡導以保障為主，儲蓄為輔的觀念，這種缺乏保障功能的壽險就逐漸沒落。

生死合險

投保生死合險，基本上被保險人在契約有效期間內死亡，可以依約領取保險金或保險期間屆滿仍然存活，也可以領取保險金。因此又稱養老保險，是生存險和定期保險的結合。

目前市場上生死合險的商品種類最多，變化的重點幾乎都放在生存保險金的領回，大體又可分為以下4種：

投保生死合險等於同時投保生存險和定期保險，但保費比同時購買生存險和定期險便宜許多。

基本上，儲蓄型的生死合險是結合生存險與定期險設計的商品，但基於市場競爭，已有保險公司是結合終身保險和儲蓄設計保單，除生存保險金的領回外，繳費期滿後若被保險人死亡，也可獲得死亡保險金給付。

*1.*到期領回一筆保險金

契約期滿仍生存，可領回一筆保險金，通常就是當初的投保金額。例如投保100萬元，領回100萬元，再加上保單紅利（見第114頁）。

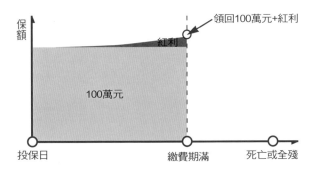

保額

領回100萬元+紅利

紅利

100萬元

投保日　　　　　繳費期滿　　死亡或全殘

*2.*到期後多次領回保險金

契約期滿後，領取投保金額一定比率的保險金，以後每隔一段時間再領取一部分保險金，領取終身，強調活得越久，領得越多。例如投保100萬元，期滿領回50萬元，以後每3年再領取50萬元，領取終身。

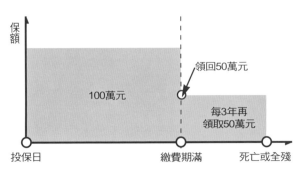

保額

領回50萬元

100萬元

每3年再
領取50萬元

投保日　　　　　繳費期滿　　死亡或全殘

> **保　費** 高
>
> **適合對象** 1.有錢就花光，需要強迫儲蓄的人
> 2.不懂投資，希望適度保險獲取保障，同時也能儲備資金的人
> 3.資產較多，有遺產稅節稅規劃需要的人
>
> **建　議** 險種變化最多，常令人難以選擇。最好和保險業務員詳細討
> 論，選擇適合自己的保單。多和幾個壽險業務員談談無

3.到期領回投保金額，再加多次領回

結合前兩類的特性，到期領回投保金額，以後每隔一段時間再領回一部分保險金，領取終身。例如投保100萬元，到期領回100萬元，以後每3年再領12萬元，領取終身。

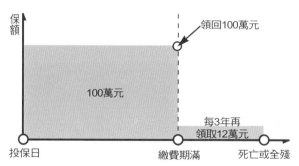

4.投保後就開始每隔一段時間領回部分保險金

例如投保後滿2年（或3年），就開始領取部分（保險金額的約定比率）保險金，每2年（或3年）就領取一次，領取終身。例如投保100萬元，3年後開始每隔3年領取10萬元，領取終身。

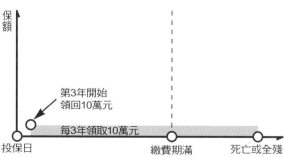

意外傷害保險

一般將第一級
殘廢視同死
亡。

　　一般稱為意外保險或平安保險，是
針對因外力造成的意外事故，導致被保險
人身體傷殘、死亡提供保障的保險。除因意
外造成死亡外，若有殘廢發生，也可以獲得全部或部

傷得多重就賠多少
假設投保金額100萬元

項目		理賠比率		理賠金額
死亡		理賠比率100%		理賠金額100萬元
第一級殘廢		理賠比率100%		理賠金額100萬元
第二級殘廢		理賠比率75%		理賠金額75萬元
第三級殘廢		理賠比率50%		理賠金額50萬元
第四級殘廢		理賠比率35%		理賠金額35萬元
第五級殘廢		理賠比率15%		理賠金額15萬元
第六級殘廢		理賠比率5%		理賠金額5萬元

保　費	低
適合對象	1.因工作性質遭受意外事故機會較高者，如外勤人員、計程車司機、快遞送件人等
	2.因保費負擔因素無法買定額壽險保障的人，可視情況搭配傷害險
建　議	不要以為意外傷害險可以取代一般壽險，因為保險公司對「意外」的界定是從嚴認定，因疾病造成的死亡、殘廢並不理賠。

分理賠。殘廢保險金的給付，是依殘廢等級理賠。例如投保傷害保險100萬元，因意外造成右腳5個腳趾都缺失，屬於第4級殘廢，可領到35萬元保險金。詳細殘障等級內容見附錄第148頁。

工作越危險，保費越高

傷害險的保費是以職業為計算基礎，工作越危險，保費越高。若工作危險性太高，如坑道內工作的礦工、潛水人員、特技演員、動物園馴獸師等，則屬於不承保的拒保範圍。詳細的職業分類，見「台灣地區傷害保險個人職業分類表」（附錄第150頁）。

Info

旅行平安險其實就是以日為計算基礎的意外（傷害）險，如果你本來就有足夠的意外險保障，其實可以不用買，不過如果考慮到碰上意外事故在國外的醫療費用負擔，還是可以考慮在出國之前買個旅行平安險。

健康保險

　　分擔被保險人的醫療負擔及相關費用的保險，又稱醫療險。當被保險人在保險契約有效期間內罹患疾病或遭受意外傷害，所造成的醫療費用損失或暫時無法工作的收入損失，可由保險公司依保障內容給付保險金。不過，為防止保戶「帶病投保」，健康保險都設定有30天「等待期」，必須投保當天起算30天後，被保險人罹患疾病，保險公司才理賠保險金。

健康保險的種類

種類		說明	備註
住院醫療保險	實支實付型	被保險人住院時，保險公司在約定額度內，按被保險人實際醫療費用支出給付保險金額	申請時須提供費用收據正本
	定額給付型	被保險人住院時，不論實際費用多高，保險公司按約定金額給付保險金，也稱為津貼式保險。	申請時不須提供收據
重大疾病保險		當被保險人罹患保單內所定義的重大疾病時，保險公司按約定金額給付保險金。	所謂重大疾病包括：1.心肌梗塞；2.冠狀動脈繞道手術；3.腦中風；4.慢性腎衰竭（尿毒症）；5.癌症；6.癱瘓；7.重大器官移植
癌症保險		保障被保險人因罹患癌症而產生的住院與出院後的醫療費用損失，保戶可以單獨購買，也可以與壽險一起購買。	
失能保險		當被保險人因為意外傷害或罹病無法工作或失去工作能力時，保險公司按約定金額給付保險金。	
長期看護保險		以久病臥床、老年癡呆者為保險對象，透過保險金的分期給付，補償因長期看護所需的費用支出。	

保　　費 ▶ 低

適合對象 ▶ 1.所有的人，尤其家族中有罹患重大疾病病史者

2.覺得全民健保醫療保障品質不足的人

建　　議 ▶ 如果已有壽險，以附約的方式加保比較便宜。

這些項目可以申請理賠

住院

雜費
(伙食費、醫師診療費)

醫療

化學治療

手術

出院慰問金

Info

目前健康保險保單大多以附約的形式加保，必須依附於壽險主契約，不能單獨投保。通常主契約的繳費期間多長，附約的保障期間就有多長。不過近年來已有可以單獨販售的健康險保單如「防癌保險」、「重大疾病保險」。

年金保險

不論那種年金，契約約定期間都可以「約定終身」，也就是說終身可以領錢，不過，保費必然較費。

提供老年時或特定期間經濟需要的保險。投保年金保險，被保險人是在生存期間或約定期間內，以一次繳清保費或分期付清的方式投保，繳費期滿，保險公司就得開始給付保險金，方式是一次給付或定期多次給付。被保險人可以利用這些錢用於生活，適合退休規劃。

目前市場上的年金保險可分為：（1）即期年金保險；（2）遞延年金保險。

即期年金保險

投保年金保險，繳清保費（通常是一次付清），契約生效後，保險公司從生效後的次一期開始給付受益人定額的年金費用；期數可按月、季、年計算。如果以年計算，契約生效的第二年就可開始領錢，若以月計算，那

一次繳費

按約定期數（年、季或月）領錢

死亡或全殘

保　費	高
適合對象	希望老年時或特定期間內可以有定期收入的人
建　議	若不懂投資，年輕時就該投保遞延型年金，若懂得投資，可在年紀較大時，才將投資所累積的資金轉為即期年金。

遞延年金保險

投保後，在一定期限（通常是繳費期）後或被保險人到某一歲數後，才開始領取保險金，這段時期稱為遞延期。例如30歲時買15年期的遞延年金，45歲可以開始領錢，領到契約約定的時間為止。

按約定期數（年、季或月）領錢

繳費期

投保日　　　　　　　　　　　　　繳費期滿　　　　死亡或全殘

Info

由於年金保險是「保生不保死」，所以費率是年紀越大保費越便宜，但由於死後就不能再領錢，所以通常有一段「保證期」，被保險人若在保證期內身故，可以將已繳未領回的錢取回。

豁免保險

就功能來說，應該是保費豁免保險，投保這種險，被保險人如因不可抗拒的原因無法再繳交主壽險的保費，因為有豁免保費規定，可以不必再繳保費，保單仍然繼續有效。

保　費	低
適合對象	工作性質遭受意外事故機會較高的人
建　議	投保時選已含豁免險的保單較省錢。

投保日　　繳費　　意外致使無法再繳費　　仍有保障，不必再繳費　　保障到期

info

有些保險公司是在購買壽險主契約時豁免險已包含在保單中，有些是以附加方式購買，投保主壽險時，最好留意一下有沒有包含豁免險，以確保自身權益。

郵局簡易人壽保險

保　　費	高
保　　額	最高100萬元
適合對象	所需保障不高，又希望有儲蓄的人
建　　議	簡易壽險只是單純的身故及意外險，沒有附加險，適合保險需求不大的人，做為儲蓄的搭配；如果也需要醫療險或其他附加險，還是要投保一般保險公司的商業保險。

　　這是由郵局辦理的簡單型保障人壽保險，最高保障只有100萬元，一般人都把它當做是儲蓄的一種。目前郵局賣得最多的保單有以下2種：

　　1. 5年期滿的平安儲蓄保險：這種保險和一般保險公司儲蓄險中的生死合險相似，只是約定期間較短，5年期滿後，即可領回投保金額。

　　2. 郵政安家定期終身保險：投保後每5年可以領回20%的生存保險金，繳費期滿當年度以及以後每5年可領取30%的生存保險金，活越久，領越多。但所謂終身是到90歲。

投保日　　　　　　　　　　繳費期滿　　　　　　　　90歲

每5年領回投保金額x20%　　　　每5年領回投保金額x30%

储蓄保险　終身保險　定期保險

第三篇
我需要哪種保險
step by step

不要輕信保險業務員的片面之詞，

你必須根據自己的需求選擇保險。

本篇教你

☑ 評估自己的需求

☑ 選擇適合的保險

☑ 拒絕多餘、不實用的保險

如何評估保險需求

　　進行保險相關規劃或弄清楚自己需要，應該根據自身或家庭的實際狀況加以規劃。我們可以從下列2方面加以考量：（1）人生階段；（2）家庭資產。

不同人生階段保障需求

　　依人生不同階段的家庭負擔及保障需求來說，我們可以看出來，年輕時需要較多的保障，年歲漸長，孩子越大，責任越輕，到了老年，需要的是手邊的錢。

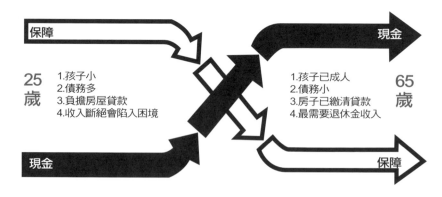

年齡與保障需求的關係

保障　　　　　　　　　　　　　　　　　　　現金

25歲
1.孩子小
2.債務多
3.負擔房屋貸款
4.收入斷絕會陷入困境

1.孩子已成人
2.債務小
3.房子已繳清貸款
4.最需要退休金收入
65歲

現金　　　　　　　　　　　　　　　　　　　保障

不同資產的保障需求

　　我們也可以從支應生活所需的錢財多寡，來衡量所需要的家庭保障。一般而言，家庭資產較多，就不需要保障；積蓄不多的家庭如果不靠保險的保障，萬一家庭的主要收入者發生意外或不幸喪生，家庭就會馬上陷入困境。下圖顯示，一個家庭的收支隨時間的進展會形成兩條不同的曲線，需要購買保險的期間就是家庭支出還維持相對較高水準的時候。

一般來講，人生因各階段的不同，有不同的生活重心，家庭情況也不相同。以保障需求來說：
1. 已婚者＞單身者
2. 資產少的人＞資產多的人

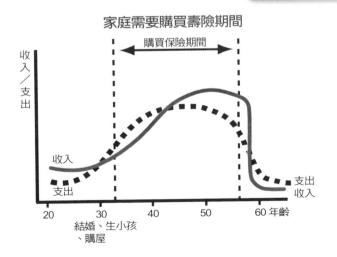

家庭需要購買壽險期間

step by step

單身打拼期需要哪些保險

　　這個時期如果不需要奉養父母或接濟其他親人，沒有家庭責任，其實暫時不買保險也沒關係。不過如果將來還是要成家，會有家庭負擔，基於

年　　齡：20〜30歲

保費預算：年繳保費為年收入的
1/12〜1/15

購買考量 *1.*
由於這個階段經濟能力不是很好，
所以應該考慮低保費、高保障的商品。

終身險
(可附加定期險)

「年紀越輕，保費越便宜」的原則，在經濟能力可以負擔的情況下，還是可以買保險。

購買考量 2.
如果經濟情況仍有困難，可選擇可以轉換契約的定期險，等日後收入增加，經濟較寬裕的時候，再轉換為終身保險。

→ 定期險
(可轉換為終身險)

購買考量 3.
如果自信很會理財，有些人可能只買定期險（例如保障期只有30年）就已足夠，但最好再增加一些醫療、意外保障險。

→
1. 意外險
2. 防癌險
3. 重大疾病險
4. 附加醫療險

購買考量 4.
這個階段的保險比較重自身的保障，萬一因傷或因病不能工作，收入中斷可能會影響生活。

→
1. 附加失能險
2. 附加保費豁免險

結婚築巢期需要哪些保險

結婚成家之後，主要的經濟負擔是房屋貸款負擔、子女養育相關費用、子女教育費用等，比起單身時期可以說沈重許多，必須為保障家人而購買保險。

年　　齡：30～40歲
保費負擔：年繳保費為年收入的
　　　　　1/10～1/12

購買考量 *1.*
雖然收入已增加，但家庭負擔相對也較繁重，可負擔的保費因此不能大幅增加。

終身險
(可附加定期險)

購買考量 2.
若已購屋有房貸，保險金額應將房貸加計進去，為求不增加太大的保費負擔，可以利用定期險，購買與房貸額度相當的金額。

定期險
(可轉換為終身險)

購買考量 3.
如果自己不懂投資，子女教育基金也該納入規劃。

生死合險（子女教育基金儲蓄險，或成為自己的養老儲蓄險）

購買考量 4.
醫療、疾病方面的保險還是不能夠免，應視情況盡可能投保。

1. 意外險
2. 防癌險
3. 重大疾病險
4. 附加醫療險

購買考量 5.
這個階段的家庭負擔較重，萬一因傷或因病不能工作，收入中斷可能會影響生活。

1. 附加失能險
2. 附加保費豁免險

滿巢奮鬥期需要哪些保險

　　滿巢是指最後一個小孩已出生，家庭成員不再增加，但隨著小孩繼續成長，陸續就學，家庭的經濟負擔也會越來越沈重，加上這時房貸負擔可能尚未清償，家庭仍需要較多的保障。

年　　　齡：40～50歲
保費負擔：年繳保費為
　　　　　　年收入的1/8～1/10

購買考量 1.
雖然收入持續增加，但家庭的開銷也達到高峰，尤其是後期小孩已進入大學或專科學校就學，負擔越來越重。

終身險
（可考慮增值型）

購買考量 2.
如果仍有房屋貸款未清償，未償餘額也應加計在保險金額之內，投保低保費的險種。

定期險
（可轉換為終身險）

購買考量 3.
如果不懂投資，應及早為孩子規劃教育費用。

→ 生死合險（子女教育基金儲蓄險，或成為自己的養老儲蓄險）

購買考量 4.
如果早年就已經投保終身險，而且已經不須繳費，或結婚較早，孩子已逐漸獨立，財務規劃應以儲備退休金為重點。

→ 年金險或生死合險

購買考量 5.
身體狀況逐漸走下坡，應加重疾病、醫療方面的保障。

→ 1. 意外險
2. 防癌險
3. 重大疾病險

購買考量 6.
萬一因傷或因病不能工作，收入中斷可能會影響生活

→ 1. 附加失能險
2. 附加保費豁免險

退休準備期需要哪些保險

　　以人的一生或工作生涯來說，50歲時是應該處於收入的高峰，而且累積了相當的資產，頗有一些積蓄。這時小孩已陸續長大成人，甚至已獨立

如果你的財富實在不少，也可以考慮以躉繳（一次付清）保費的方式購買終身壽險，將可能會納入遺產的資產轉換為免稅的保險給付，有效移轉財產。

年齡：50歲以後

自主，家庭負擔因而逐漸減小，所需要的保障已隨之降低，財務規劃的重點應該是準備退休所需資金，以及稅務規劃。

購買考量 1.
由於年歲漸大，健康狀況會繼續走下坡，應加重健康保險方面的保障。

1. 防癌險
2. 重大疾病險
3. 附加醫療險、長期看護險等健康保險

購買考量 2.
此時期，儲備養老金是財務規劃的重心，因此養老儲蓄的險種是重點。

1. 若有定期險可考慮轉換為儲蓄險
2. 養老儲蓄險
3. 年金險（可視年齡及財力，選擇即期型年金保險或遞延型年金保險）

購買考量 3.
對已有相當資產的人而言，遺產稅的規劃很有必要。

終身險
（做為稅務規劃之用）

第四篇
挑選保險公司和
業務員

step by step

選錯了保險公司和業務員，

輕則吃虧受氣，重則血本無歸。

本篇教你

☑ 選擇可靠的保險公司

☑ 挑選專業的業務員

☑ 避免上當

☑ 掌握正確的買保險管道

可以透過3種人買保險

有3種人可以合法的賣給你保險，那就是：（1）保險公司業務人員；（2）保險經紀人；（3）保險代理人。

以主管機關的立場來說，這3種人都屬於保險業務員，必須通過考試，取得「保險業務員登錄證」，才能銷售保險。不過，就實務上來說，這3種人所扮演的角色，還是有差異。

保險公司的業務人員
由保險公司招募任用，只銷售所屬公司的保險產品，在保險業務員中占最大多數。通常他們都自稱是壽險顧問。

保險代理人
也不屬於保險公司人員，而是透過和保險公司簽訂代理契約或授權書，成為保險公司的專屬代理。但他們不能像保險經紀人那樣，同時銷售數家保險公司的保單，只能銷售該公司的保險產品。

向哪一種人買保險好？

	優點	缺點
保險公司業務員	1.對所屬公司的產品最了解 2.有保險公司直接約束	1.初入行的業務員可能有專業不足問題 2.只能銷售所屬公司的保險商品
保險經紀人	較能站在保戶的立場搭配合適的商品與保費，協助保戶處理投保簽約、申請理賠等手續	須負擔營運成本，有些經紀人可能會因財務壓力，不當銷售保險
保險代理人	通常比一般業務員具備較多業務經驗	只銷售所代理保險公司的商品

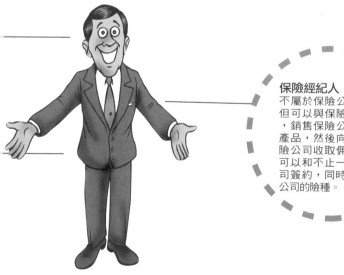

保險經紀人
不屬於保險公司人員，但可以與保險公司簽約，銷售保險公司的保險產品，然後向承保的保險公司收取佣金。他們可以和不止一家保險公司簽約，同時銷售數家公司的險種。

如何判斷業務員夠不夠專業

　　保險業務員夠不夠專業不會寫在臉上，但可以透過接觸、交談、實際討論相關問題，從對方的表現判斷出來。以下是相關的觀察重點。

**是否持有
「保險業務員登錄證」**
保險業務員必須通過考試，取得「保險業務員登錄證」，才能銷售保險，因此這是最基本的要求。

**了解對方
受過什麼專業訓練**
可以請對方談談公司對業務員的訓練過程及要求，說明公司的經營理念及特色、產品特性及設計的主要考量。

是否出示
「人壽保險投保人須知」
這是專業要求，不過有時有沒有讓你看涉及誠信問題，也就是說故意不給你看，而不是專業疏忽。

分析及說明的能力
能否清楚的讓你了解為何要這樣買？這包括能清楚的分析你的財務狀況、保險需求，同時也能清楚的說明為何要選擇某些險種或設計成某種保障組合。如果說不通，表示對方設計保單的能

請對方提供其他客戶案例
同樣的考量也可以請對方說明自己的投保情形，或者請對方提供其他客戶的案例，說明相關的規劃根據或設計理由，說不出所以然，專業當然有問題。

如何了解業務員是否誠信

夠專業不一定就值得信賴,如果專業沒問題的業務員「居心不良」,只想做業績,那麼你所買的保險可能會不保險。業務員是不是夠誠信,以下是觀察重點。

要求誠實告知健康情形
投保過程中,對於你的健康情形,業務員有沒有要求你誠實告知,逐條詢問,還是不問就全數勾「否」?

詳細說明不賠條款
對於保單的保障內容及除外不賠條款規定,有沒有詳細說明、解釋,還是敷衍了事?

請你過目相關文件
填寫要保書、健康聲明書或相關的文件時,有沒有請你逐一過目?由你親自過目或蓋章?

對方待人接物態度
請他品評時事,或觀察對方的待人接物,是不是誠懇實在的人?如果答案是否定的,表示此人以業績掛帥,誠信有問題。

你可以問業務員的 10 個問題

我為什麼需要保險？

可否說出我為什麼應該向你投保？

儲蓄險與壽險有什麼不同？

如果以後我不要續保，我該怎麼做？

根據你的保單規劃，我可以獲得什麼樣的保障？

萬一將來有一天，你不做了，我該怎麼辦？

我的保險在什麼狀況之下會獲得理賠？

你為什麼要做保險業務員？

有沒有不會賠的除外條款？

如何辦理理賠？你會幫我服務嗎？

資料來源：Smart理財生活月刊

如何判斷業務員服務好不好

服務是比較抽象的東西，好不好更是要在提供服務的人或機構做了某些事以後才能感受出來。以買保險來說，在購買之前，對方根本提供不了什麼服務，該如何判斷業務員的服務好不好呢？通常只能側面探知，你可以觀察下列重點。

旁敲側擊
請他以案例的方式說明如何建議其他客戶購買合適的保險，當然，不要直截了當就問：「你為你的客戶提供過什麼服務？」透過這樣的旁敲側擊，從2、3個案例中就可以知道業務員的服務好不好。

向親友打聽
如果你接觸到的業務員是由親友或同事引介的，引介人也透過這個人買了保險，問問引介人，買保險後得到了哪些服務，以及對這些服務是否滿意。

Info

有時買了保單後，當初賣你保單的業務員，因故無法繼續為你服務，造成你的保單必須由其他業務員接手，或由保險公司服務單位代為服務，俗稱「孤兒保單」。如果後繼服務還不錯，其實也沒關係。

是否提供理財相關建議
在洽談的過程中，是否曾談起理財相關的事情，並提供有關理財的安排與建議，或協助客戶處理過什麼有關問題。

了解對其他客戶的關心情形
你可以從旁了解業務員對客戶的關心情形，不過不要只重視生日以及過節是否送蛋糕、寄卡片，很多客戶其實對業務員常有問候，並對生活其他層面也表示關心覺得十分窩心。

如何判斷公司信譽好不好

有人說名譽是人的第二生命，那麼信譽可能就是包括保險公司的金融服務業的第二生命了，往往也是多數人挑選保險公司的主要考慮依據。你可以從下列幾個重點觀察。

成立時間
知名度高的公司通常成立時間也較久，信譽也較好。其實，客觀來說，知名度高低、成立時間長短並不必然與信譽好壞成「正比」的關係，這只是參考指標，最好還是根據較具體標準來評量。

舊有客戶的評價
不妨問問和你接觸的保險業務員，公司客戶中由舊客戶介紹的比率有多高，比率越高必然口碑越好，客戶滿意度越高。

相關調查報導
留意報章雜誌的報導或相關調查，有時會有「年度最受歡迎的保險公司」之類的調查，事業刊物如《現代保險》雜誌，或《保險行銷》雜誌都曾做過，不妨做為參考。

同業間的評價
也就是利用「狗咬狗」的策略，請不同公司的業務員提出對別家公司的觀感。當然，基於競爭，你聽到的評價應該會以負面的居多。沒關係，我們可以利用逆向思考，你所聽到缺點越少的公司越值得考慮。

公益活動與信譽
保險公司辦公益活動與信譽好壞並無直接關聯，但可做為好公司的「加分」，對信譽差的公司，得分則沒有什麼幫助。

如何判斷公司財務穩不穩

保險公司的財務是不是健全、穩妥，一般社會大眾很難直接判斷出來，建議你可以根據下列方式做初步判斷。

從業務員口中找線索

除了談保險商品外，不妨也請對方談談所屬公司的營運情況、資產狀況及其他財務相關背景，做為參考。

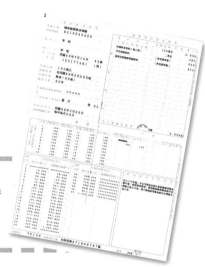

從保險單找線索

對於保險商品的設計、強調的訴求或號召，如果多數產品都強調預定利率高、保費低，當心「跳樓大拍賣」式的低價促銷背後有財務不健全的警訊。

從報章雜誌等媒體找線索

留意相關報導或《天下雜誌》、《商業周刊》等1,000大企業排名的特別報導，對名列其中的保險公司資產、營業收入、盈餘等都可以找到相關資料。

從財務報表找線索

若保險公司已上市或上櫃，要取得財務報表並不難，無論年報或季報都有這類資料。若不是上市、上櫃公司，可以在台灣區壽險公會找到有關資料。

如何判斷公司商品好不好

買保險其實就是買保險商品，應該和其他消費一樣，要重視商品的品質，以及功能、用途是否能夠滿足自己的需要，有關權益有沒有受到保障。要評量一家保險公司的商品好不好，可留意以下的觀察重點。

注意商品的品質
品質好壞可以從保單條款是否以公平對等的立場訂定，有沒有替保戶的需求設想，能不能真正解決客戶的保險問題等層面看出來。

找保險經紀人評比
保險經紀人可以銷售多家保險公司的商品，對各保險公司的商品優缺點應該十分清楚，提出你的需求，請經紀人說明各公司相關商品的好處、缺點，以及該如何注意、選擇。

保單內容的變動彈性

好的保險公司會在保單中保有調整的彈性，例如可無條件變換險種，或有齊備的商品，可以隨時讓保戶再搭配當時所需要的保障。

是否隨時改良保單

隨著社會的發展、演變，以及社會大眾保險需求的改變，不斷的改良保單，而不是以過時的保單賣遍天下。

info

有些民眾買到的外國保險公司保單，由於未經財政部保險司核准販售，所以被稱為「地下保單」。買這種保單除了適法性的問題外，也該留意售後服務及理賠的相關事宜。

如何判斷公司的服務好不好

保險公司是金融服務業，販售的是無形的保險商品以及服務，服務好不好攸關保戶的權益，買保險當然要挑服務好的公司。如何看服務好不好，以下是觀察的重點。

你必須注意，你要買的是保險而不是周邊服務，這和不要為了贈品而購物，是同樣的道理。

從業務員的服務品質判斷

業務員本質上就是保險公司的第一線代表，代表公司提供服務，保險公司也有一定的要求與訓練。如果業務員的服務品質不佳，也代表公司整體的服務有問題。

透過親友了解

如果你有親友買該家公司的保險，你可以透過他們了解該公司所曾經提供過服務情況。

透過媒體的報導找線索

保戶最可能和保險公司發生糾紛的事情就是理賠，你可以從報章雜誌曾報導理賠糾紛案件，或理賠糾紛所屬公司「排行榜」知道。當然，有人可能會說，理賠有糾紛不一定錯在保險公司，可是如果不是銷售保單的過程可能有缺失，為何某家公司的糾紛會比另一家多？

從周邊服務找線索

越來越多的公司提供相關的軟硬體服務，例如海外緊急救難、24小時諮詢專線、提供免費健康檢查、免費醫療諮詢、全球理賠服務，以及提供保戶消費折扣優惠等。

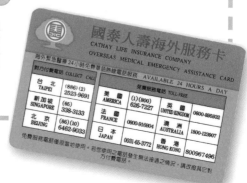

國泰人壽保險股份有限公司

台北市仁愛路四段296號保費部　　電話：(02)2755-1399代表
　　　　　　　　　　　　　　　　傳真：(02)2708-1649

保險費自動轉帳付款授權書

保險費及保單貸款利息。

第五篇
買進第一張保單
step by step

許多保險糾紛的發生，
就是在這時候埋下導火線。
掌握投保流程，可以讓你的保險更安全。

本篇教你

☑ 看懂要保書

☑ 自己計算保費

☑ 安全的繳費方式

☑ 為錯誤決定反悔

如何買保險

　　在釐清自己的保險需求、需要的可能險種，並透過保險業務員了解相
關的保險公司，及業務員本身的專業度後，接下來就進入買保險的階段。

投保流程圖

提保險建議書
透過與保險業務員溝通、
討論後，業務員會提出一
份保險計畫書供你參考。

健康檢查vs.核保
不是所有的人都必須做體
檢，通常是超出年齡或投保
金額規定免體檢的限定條
件，才必須做體檢。保險公
司在收到要保申請後，會就
你的健康情形及工作內容，
進行審核，決定是否承保。

填寫要保書
若你認可業務員所提計
畫書，同意投保，就必
須填寫要保書。

如果你的身體夠健康，投保年齡及金額符合免體檢件，填寫要保書後，就可交付第一期保費，保險契約立即生效。

繳保費

若保險公司接受你的保險申購，你必須繳交第一期的保費，保險公司收到保費後，契約即刻生效。

取得保單

保險公司根據要保內容，簽發正式的保險單。這是以後理賠的依據。

拒保

10天反悔期

簽收保單之後，你還有10天的「反悔期」可以退保，保險公司會將你交的第一期保費全數退還，契約解除。

業務員提保險計畫書

如果你考慮要買保險，保險業務員會先為你提出保險計畫書。透過與保險業務員詳細的溝通、討論、研究，對方才能提出符合你需求的保險計畫書。

基本資料

所有家庭成員的年齡、性別、每月（或年）家庭開銷，以便確實計算需要的保障金額。

負債

例如房屋貸款未償餘額、車貸未償餘額、分期付款未付餘額、信用卡未付餘額及死會待付餘額等。周全的保障應將這些負債列入保額中。

保費預算

預算多寡是險種選擇、搭配，及保額計算相當重要的依據。最好不要投保自己負擔不起的保險。

你也可以請別的業務員為你提計畫書，貨比三家不吃虧，比較之後再做最明智的決定。

為了將來的保障內容能真正切合你的需要，和業務員討論時最好提供下列相關資料給對方。

4

你對保險的期待與需求

保障的規劃雖然可以做到理性、客觀，但購買保險其實是相當主觀的事。明白告訴你的保險業務員，你希望能有什麼保障。

5

現有保單

如果你已經有保險，提供給業務員，讓對方了解你現有的保障情形，才能讓新、舊保單有整合的功效，不致出現過猶不及的情形。

info

保費預估的準則是保費負擔最好不要超過收入的10%，但實際比率要看年齡和收入多寡而估算，年輕收入低可能須低於10％，年齡漸長收入越多，就可負擔較高的比率。

填寫要保書

如果你已決定買保險了，並認可保險業務員提出的計畫書，接下來要做的就是填寫要保書。要保書是投保人向保險公司申請投保所須填寫的書面文件。填寫時，你必須注意以下重點。

被保險人
就是保險的對象，也是保險事故發生時，享有賠償請求權的人。

要保人
就是投保人，一般又稱「保戶」，是繳付保費的人

受益人
就是保險事故發生後，可以領到保險金的人。

資料提供：國泰人壽

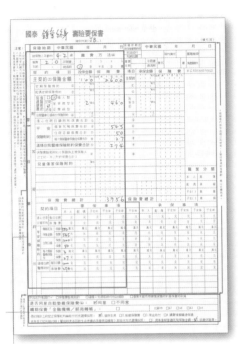

要保書最好親自填寫，避免以後產生爭議。也可以避免有人在要保書上做文字修改。

要保事項
就是你所買的保障，包括保險產品名稱、投保額度、繳費期間等，都必須填寫清楚。

繳費及紅利領取
包括續繳的方式及紅利給付方式。

健康聲明
主要是健康狀況及職業的告知，是保險公司進行核保的重要依據。務必誠實填寫。

簽名用印
必須本人親自簽名蓋章，以免影響你的保障權益。

健康檢查vs.核保

　　買保險一定要做健康檢查（體檢）嗎？答案是不一定。保險公司接受保戶申請投保時，通常會把申請案分為2類，即免體檢件和體檢件。是否體檢必須看下列3種條件：

1.年齡
免體檢的限定範圍通常是35歲以下，不同公司有不同條件。

2.保額
壽險保額300萬元以下，通常不需要體檢，不同公司有不同條件。

3.業務人員過往紀錄
有些公司也給予不同的業務員不同的限定範圍彈性，若過去招攬保險的投保案「品質良好」，就可以有較高齡、高額的免體檢標準。

核保結果有4種

保險公司進行核保之後，可能會有以下4種結果：

1..標準體位承保：表示被保險人的身體健康，公司同意承保。只要繳付第一期保費給保險業務員，保險契約立即生效。

2..次標準體位加費承保：表示被保險人的身體健康有問題，事故發生機率比標準體位的人高。因此，若要以要保書上的投保金額投保，必須增加保費。例如35歲有高血壓的男性投保終身險，他的保費可能要增加到男性40歲的保費。

3.延期承保：表示客戶投保時，健康狀況不穩定，保險公司通常會要求客戶延期一段時間（如半年或1年）再重新提出要保申請。

4.拒保：這是最壞的情況，原因不外是健康因素或職業危險性高。如果是健康因素，只有趕快醫治或治療；如果是職業因素，只要職業變更（例如換工作），保險公司就會願意承保。

目前國內的保險公司對延期承保和拒保的客戶都有連線紀錄，只要在一家公司有延期或拒保的紀錄，其他30幾家公司的核保人員都可以透過壽險公會的連線資料知道。所以如果你想「多試幾家」不一定有用。

如何計算保險費

　　一般保險公司的險種介紹資料都附有費率表，你自己也可以依性別、年齡及投保年期，算出該繳多少保險費。

費　率　表

單位：元／每萬保額

投保年齡	男性					女性				
	10年期	15年期	20年期	25年期	30年期	10年期	15年期	20年期	25年期	30年期
0	1059	616	427	299	220	1039	601	412	285	207
1	1035	597	411	284	207	1019	584	397	272	195
2	1035	597	411	284	207	1019	584	397	272	195
3	1035	597	411	285	208	1019	584	397	272	195
4	1038	599	412	286	209	1019	585	399	272	195
5	1040	601	415	288	211	1020	586	400	273	196
6	1043	604	418	291	214	1023	587	401	274	197
7	1045	606	420	293	216	1025	590	403	276	199
8	1049	610	423	296	219	1028	592	405	278	201
9	1053	614	427	299	222	1030	594	407	280	203
10	1058	618	430	303	224	1034	596	409	282	205
11	1063	622	434	305	228	1038	600	412	285	208
12	1069	627	438	309	232	1041	603	415	288	211
13	1075	632	443	315	236	1045	605	418	291	214
14	1081	637	449	319	241	1049	609	422	293	216
15	1088	642	453	323	245	1054	613	424	297	219
16	1094	647	458	328	250	1058	616	428	300	222
17	1100	652	462	332	254	1063	620	431	303	226
18	1106	656	466	336	257	1066	623	435	307	228
19	1111	659	470	339	261	1071	627	439	309	232
20	1116	665	474	343	265	1076	632	442	314	235
21	1121	668	478	347	269	1081	635	447	318	239
22	1128	672	482	351	273	1088	641	451	322	243
23	1134	677	488	357	278	1093	646	455	326	249
24	1140	684	493	362	284	1100	651	461	331	253
25	1148	689	499	368	289	1106	656	466	336	258
26	1155	696	505	374	296	1114	662	473	342	264
27	1164	704	512	381	304	1123	668	478	349	270
28	1174	711	520	389	311	1131	676	485	355	276
29	1184	720	530	399	320	1140	684	492	361	282
30	1195	730	539	408	330	1149	690	500	369	289
31	1208	741	550	418	341	1158	697	507	376	297
32	1221	752	561	428	351	1168	705	515	382	304
33	1235	763	573	441	364	1176	714	523	391	312
34	1250	776	585	453	376	1186	722	531	399	320
35	1265	790	599	466	389	1198	730	541	408	330
36	1281	804	614	480	403	1209	741	550	418	339
37	1299	818	628	495	418	1220	751	559	427	349
38	1316	833	643	509	434	1234	762	572	438	361
39	1333	848	658	526	450	1249	775	584	450	373
40	1350	863	674	542	466	1264	787	596	464	385
41	1369	880	692	559	484	1280	801	611	477	400
42	1390	897	711	578	503	1296	815	624	491	414
43	1410	916	730	597	523	1314	830	639	505	430
44	1433	937	751	619	546	1331	846	655	522	446
45	1456	958	774	642	569	1350	861	672	538	462
46	1483	981	799	666		1369	877	688	555	
47	1509	1005	823	692		1389	895	705	573	
48	1536	1030	850	718		1409	913	724	592	
49	1565	1057	877	746		1429	932	745	612	
50	1594	1084	905	776		1451	951	765	635	
51	1624	1110	935			1474	971	788		
52	1654	1139	966			1498	994	812		
53	1685	1167	983			1523	1018	825		
54	1716	1197	1000			1550	1042	841		
55	1750	1228	1018			1580	1070	857		
56	1785	1262				1610	1100			
57	1825	1299				1645	1132			
58	1869	1321				1684	1153			

保費計算step-by-step

依性別找出費率表
男性與女性的費率不同，所以首先必須依被保險人的性別找出費率表。

計算被保險人投保年齡
計算方式為：繳第一次保費年月日－被保險人出生年月日（超過6個月部分以1歲計）。假設投保年齡為30歲。

確定投保年期
也就是你必須確定繳費年限，假設為20年。

找出費率
投保年齡和投保年期相交數字即是費率。以此費率表而言，step2和step3相交的數字為539，表示每1萬元保險金額，必須繳交539元保險費。

找出費率之後，你必須注意費率表上的保險金額單位，是每10萬元、每1萬元或每100萬元。

確定投保金額單位數
假設你是投保300萬元終身保險，等於投保300個1萬元。

計算年繳保費
計算方式＝投保金額（單位數）×費率
＝300（單位）×539（元／萬元）
＝161,700元

繳費方式有5種

買保險是希望發生保險事故時，能依據保險契約約定的保障，獲得理賠金，彌補經濟上的損失，所以保險契約必須持續保有效力，要保有效力，就必須繼續繳保費一直到期限屆滿。繳納保險費的方式有2種：

1. 一次繳付：也就是一次付清所有保費，稱為「躉繳」。
2. 分期繳付：又分為年繳、半年繳、季繳及月繳4種方式。

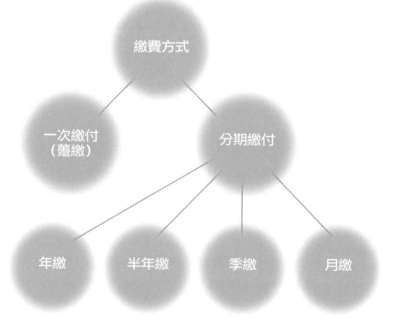

如果經濟負擔不是問題，最好採取年繳方式，不僅比較划算，也沒有繳費次數多的麻煩。

哪種繳款方式比較好

必須知道的是，分期繳保費和購物分期付款一樣，會被加計利息，利息計算方法依繳費方式不同，計算方式如下表，因此以1年總繳保費金額比較起來：年繳保費＜半年繳保費＜季繳保費＜月繳保費。

計算公式

年繳保費＝保額×費率（見第94頁）
半年繳保費＝年繳保費×52％
季繳保費＝年繳保費×26.2％
月繳保費＝年繳保費×8.8％

繳費實例

假設年繳保費10,890元
半年繳保費＝10,890元×52％＝5,663元
季繳保費＝10,890元×26.2％＝2,853元
月繳保費＝10,890元×8.8％＝958元

一年總計保費

年繳＝10,890元
半年繳＝5,663元×2＝11,326元
季繳＝2,853元×4＝11,412元
月繳＝958元×12＝11,496元

取得保單

　　保險公司同意承保後會簽發、送達一份正式的保險單給你。保險單是契約的一種，其中表達的是保險公司為特定的被保險人所承擔的理賠責任有哪些，日後與保險公司若有爭議，保單是法院判決的依據，所以除了要確認保單內容是否與要保書一致、資料是否正確外，下列2個重點你一定要注意。

要　保　書

年度	疾病(萬元)	意外(萬元)	年度	疾病(萬元)	意外(萬元)	年度	疾病(萬元)	意外(萬元)	年度	疾病(萬元)	意外(萬元)
1	100	100	11	100	100	繳費期滿後					
2	100	100	12	100	100		100	100			
3	100	100	13	100	100						
4	100	100	14	100	100						
5	100	100	15	100	100						
6	100	100	16	100	100						
7	100	100	17	100	100						
8	100	100	18	100	100						
9	100	100	19	100	100						
10	100	100	20	100	100						

（全殘）主契約保險金　被保險人本人身故

※本保險單契約的內容如有變更時，應與各項給付內容以後之變更。

保單年度	主契約保單年度末		保單年度	主契約保單年度末	
	解約金額(元)	減額繳清保額(元)		解約金額(元)	減額繳清保額(元)
1	*********	********	30	566,000	**********
2	12,200	48,200	35	646,500	**********
3	25,300	93,900	40	722,300	**********
4	39,400	137,500	45	790,000	**********
5	54,600	179,900	50	849,000	**********
6	70,800	221,300	55	921,100	**********
7	88,300	261,600	57	1,000,000	**********
8	107,100	301,800			
9	127,400	341,300			
10	149,200	380,300			
11	170,000	413,800			
12	191,800	446,000			
13	214,700	476,800			
14	238,600	506,400			
15	263,600	534,600			
16	289,800	561,400			
17	317,200	587,900			
18	345,900	613,900			
19	375,900	639,400			
20	407,500	1,000,000			
25	485,100	********			

附　加　條　件　承　保　事　項

自八十六年起，本公司商品含意外傷害殘廢保險金給付者，依財政部規定，第四級殘廢保險金給付比例正為35%，第六級殘廢保險金給付比例正為5%

受理單位： TP106　本險奉准文號：台財保第871888787號　驗單： 240

資料提供：國泰人壽

解約金額
表示你投保後若想解約，可以領回的金額。以此表來說，若你在投保後第10年解約，可領回149,200元。解約金額多少是根據累積的責任準備金計算的。

減額繳清保額
表示你如果停止繳費，可以視同以責任準備金購買同樣險種，但保額較低的保險。以此份保單來說，如果你在第10年停止繳費，等於轉換為保額380,300元的終身險。

若有不明白的地方就確實問清楚，甚至可以要求你的保險業務員逐條解說。

我的保費哪裡去了？

保戶買了保險要持續繳交保險費，保險公司一般會將收到的保費做3種用途：

1.責任準備金
這是根據財政部規定提存出來的一筆金額，做為日後理賠或支付滿期金之用。

2.管銷費用
做為公司人事、行政營運的費用。

3.投資
通常投資可以有多少利潤，公司會做預估，稱為「預定利率」，如果預定利率高，表示公司預期可以取得較多的錢，所以計算保費時可以少收一點，反之，則收取較高保費。

10天反悔期

買了保險以後可不可以反悔而退保呢？答案是可以。按規定，保戶通過核保，繳了首期保費後，從保戶簽了「保險單簽收單」開始起算，有10天的時間可以考慮是否要撤銷保險。在這段時間內，若提出撤銷的要求，保險公司就必須無息退還首期的保險費。所以這10天有人稱為「反悔期」、「猶豫期」或「考慮期」。

保險單簽收單
請一定要記得填寫正確簽收日期，因為這將關係到你是否可以退保的權益。例如你在5月1日收到保險單，簽收後，在5月11日前，你都還可以反悔退保。

單　　位	招　攬　人	保險單號碼	
TH106	彭 美 智	8215545428	李

保險單簽收回條

管理 課
業務

處　長 簽章、日期
區主任

2年是契約效力危險期

　　取得保單後並不表示你的保險就沒有問題了，因為保險公司保有2年的觀察期。也就是在你繳了首期保費，契約生效起2年內，保險公司仍有調查保戶在投保時是否有誠實告知的權利與義務。如果2年內被保險公司發現沒有做到誠實告知，對方可以解除契約，即使被保險人出險，也不能獲得理賠。過了2年後，只要繼續繳納保險費，保險公司就必須在保戶發生保險事故時，依約理賠。

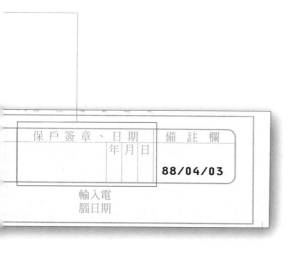

保戶簽章、日期　備註欄
年 月 日
88/04/03
輸入電
腦日期

有些業務員怕保戶反悔，有時會故意扣留保單幾天，讓保戶錯過撤銷的時效。不過別擔心，反悔期是從保戶簽了「保險單簽收單」開始起算10天內都有效，別讓業務員給唬了。

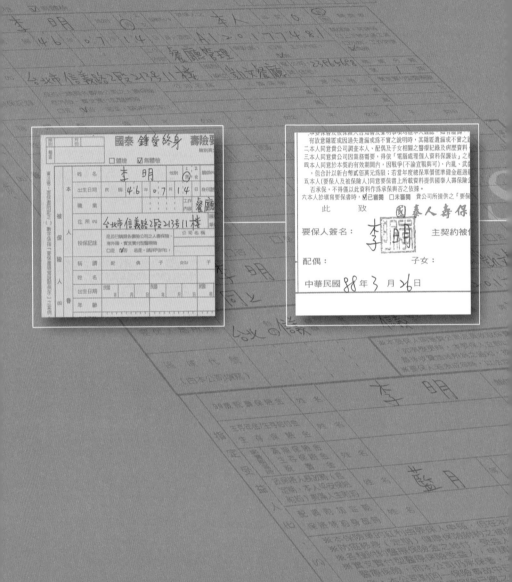

第六篇
看懂要保書
step by step

看懂要保書，能保障你的權利，
大大降低投保風險。

本篇教你

☑ 選擇「受益人」

☑ 看懂你所有的「權利」

☑ 找出保障的範圍和限制

☑ 避免簽下「不平等」契約

被保險人

　　就是保險的對象，也是保險事故發生時，享有賠償請求權的人。當你買保險的時候，你可以指定下列幾種人為被保險人：

1. 本人。
2. 家眷：例如夫為妻投保。
3. 扶養親屬：也就是仰賴你提供生活費或教育費的人，例如成年子女為父母投保、父母為未成年子女投保。
4. 債務人：例如債權人為債務人投保。
5. 為本人管理財產或利益的人，例如公司為總經理投保。

如何填寫被保險人欄

被保險人基本資料
一旦決定誰是被保險人後，至契約終止前都不可以再更動。

職業分類
共分6類，危險程度有別，是核保的重要依據。傷害保險的保費高低甚至是以職業分類為計算基礎，而不是年齡或性別。

投保紀錄
填寫時必須確實告知，否則屆時被查獲未誠實告知，2年內被保險人發生事故死亡，保險公司可以不理賠。

眷屬欄
若你同時為配偶或子女投保，填寫事項和本人一樣，必須誠實告知。

組別	月份		團體類別代號		
輕區				保 單 號 碼	

國泰 鍾愛終身 壽險要保書(二)

險別英文代號（ J B ）

□體檢　☑無體檢

	姓　名	李　明	性別	① 男 2.女	關係代	要保人之 本人	血 型 O	有 無 騎機車
本	出生日期	民　國 46 年 07 月 14 日		身分證號 A1 2 0 1 7 7 4 8 1				騎機車：其詳情 □上下班交通工具 ☑外務、工作需要 □偶爾
被	職　業		工作內容 餐廳管理		兼副業：□有 工作內容：☑無			
保	住所(九)	台北市信義路2段213號11樓		服務單位 凱文餐廳	電話	公司:23P656P8 住宅:	職 業 分 類 第 1 類	
險 人	投保記錄	是否已購買各壽險公司之人壽保險、意外險、實支實付型醫療險 □是 ☑否　若是，請列列於右:	公 司 名 稱	人 壽 保 險 萬 元 萬 元	意 外 險 萬 元 萬 元	實支實付型醫療險 元 元		
(五)								

稱　謂	配　偶	子　女(1)	子　女(2)	子　女(3)	子　女(4)
姓　名					
出生日期	民國 年 月 日	民國 年 月 日	民國 年 月 日	民國 年 月 日	
年　齡					
身分證號					
工作內容					
職業分類					
是否已購買各壽險公司(含本公司)實支付醫療險	□是 □否	□是 □否	□是 □否	□是 □否	□是 □否

要	姓　名	李　明	年齡	本人	服務 凱文餐廳	職位 負責人

資料提供：國泰人壽

要保人

就是投保人，一般又稱「保戶」，是繳付保費的人。要保人有下列幾項權利：（1）指定各類保險金的受益人；（2）申請變更契約；（3）申請保單貸款；（4）終止契約。

通訊地址

必須填寫保險公司可以收取保險費和寄送保單權利、義務有關文件的地址。要正確填寫，以免對方無法收費或收不到各種相關文件，影響你的保障權益。

要保人欄

要保人的基本資料。

| 要保人（四） | 姓　名 | 李明 | 年齡 | 42 | 職業 | 餐飲 | 服務單位 | 凱文餐廳 | 職位 | 負責人 |
| | 住　所（六） | 同上 | | | 身分證號 | A120177481 | 密戶 | | | |

要保人居所（六）　台北縣市 儀鄉鎮 儀里村 鄰 儀街路 2段 巷 弄 213號 11樓 室　電話 23P65698

區　域　代　號（由本公司填寫）

※本要保人同意貴公司派員收取保費或催告通知書以及相關文書之送達以上址為準，如有變更時，本要保人立即以書面變更，若漏未變更，貴公司依照上址或所之最後收費地址所為之通知，視同送達本要保人。
※要保人若未成年時，以法定代理人之住(居)所為住(居)所。

		姓　名		關係	被保人之		
指定受益人（七）（八）	99歲祝壽保險金	李明		關係	被保人之	本人	
	生存年金/生存給付金生存保險金			關係	被保人之	配偶、子女附加平安保險附約之身故時	受益人為主契約之被保險人
	滿期保險金生存保險金祝壽保險金			關係	被保人之	罹患重大疾病時	
	被保險人身故時（含定期、本人平安保險附約）美滿人生附約	藍月	等 1 人	關係	被保人之 母	符合生命末期狀態時	
						符合長期看護狀態時	
	配偶附加定期保障特約身故時		等 人	關係	配偶之	單親型、雙親型防癌附約之配偶子女因身故時	

※本保險單的紅利由要保人申領，但在本公司給付受益人保險金而契約終止之情形，要保人未受領的部份，由受益人領取。
※防癌終身（定期）健康保險附約之被保險人因癌症身故時，其身故保險金由主約之身故受益人領取。
※各種附約醫療保險金之給付，受益人依契約條款規定辦理。
※實支付型醫療保險保險受益人，申請給付時須提具收據正本；惟被保險人於投保時已通知本公司有投保其他商業支實付型醫療保險，而本公司仍承保者，本公司對同一保險事故仍依各該險別條款約定負責任。如有重複投保而未通知本公司者，本公司對同一保險事故中已獲社會保險或其他人身保險契約給付的部份不負責任，惟須退還該年度被保人附加此實支實付型醫療保險已繳之保險費。另以全民健康保險身份投保實支實付型醫療保險者，若未提出以此身份就診之證明時，本公司將按各該險別條款約定之方式給付保險金。

受益人

　　就是保險事故發生後，保險公司理賠金的給付對象，也就是當保險事故發生後可以領到保險金的人。誰是受益人由要保人決定，但住院醫療保險的受益人必須是被保險人本人，不可由要保人決定。根據保險法的規定，受益人的種類有以下3種：

約定受益人
由要保人和保險公司在契約上約定，例如住院醫療險或殘廢保險金的約定受益人都是被保險人本人。

指定受益人
由要保人在契約上指定。通常未婚的人多以父母、兄弟姊妹為受益人，已婚者則指定配偶或子女為受益人。

哪些人可以成為受益人？

法定受益人
如未指定也未約定受益人，就以民法上的法定繼承人為受益人。不過保險金變成被保險人的遺產，必須課徵遺產稅。

info

根據規定，若未約定受益人，則法定繼承人的順序為：
1. 配偶
2. 直系血親卑親屬，也就是子女或孫子
3. 父母
4. 兄弟姊妹
5. 祖父母

如何填寫受益人欄

99歲祝壽保險金、生存保險金、滿期保險金

也就是契約到期後，被保險人仍存活，可領回保險金的受益人，稱為「滿期金受益人」，通常是本人。但若有稅負考慮，可以家眷或扶養親屬為受益人。

身故保險金

指定受益人的人數可以不只一人，這時可以指定保險金的給付方式，包括
（1）均分：也就是將保險金按人數平均分配。
（2）順位：順位則是先給第1順位的人，若第1順位人也身故，則給第2順位，以此類推。
（3）明定百分比：明定百分比是指各受益人可以得到的保險給付於投保時就訂明，例如配偶30％，兩名小孩各25％，母親20％。

配偶附加定期險身故保險金

也就是配偶有附加定期保險時，若在契約保障期間身故，可以領到保險金的人。受益人通常是本人或扶養親屬。

約定受益人

保險公司明定下列幾種保險的受益人必須是被保險人本人：
（1）平安險附約
（2）重大疾病險
（3）生命末期時
（4）符合長期看護時
（5）防癌險

若投保後個人情況產生變化，例如結婚、生小孩或付不出保費，可以以書面通知保險公司要求變更受益人或要保人。但是被保險人一旦決定，就無法變更。

被保險人	要保人	受益人	要保事項	自動墊繳	續繳保費	保單紅利	簽名用印

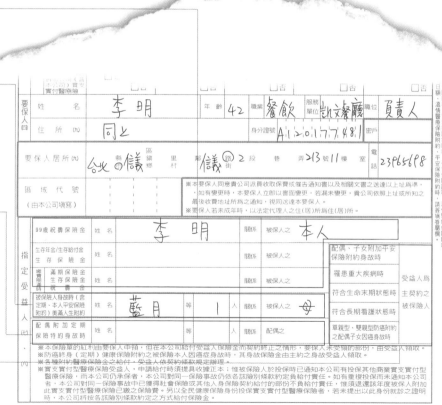

				□否		□否			□否			□否

要保人四

姓　名	李明		年齡 42	職業 餐飲	服務單位 凱立餐廳	職位 負責人
住　所 (四)	同上		身分證號 A120177481		密戶	

要保人居所 (四)　台北@儀（區）里村　郵儀@2段　巷 弄213號11樓　室　電話 23P656P8

區域代號（由本公司填寫）

※本要保人同意貴公司派員收取保費或催告通知書以及相關文書之送達以上址為準，如有變更時，本要保人立即以書面變更，若漏未變更，貴公司依照上址或所知之最後收費地址所為之通知，視同送達本要保人。
※要保人若未成年時，以法定代理人之住(居)所為住(居)所。

指定受益人（五）

99歲祝壽保險金	姓名	李明		關係 被保人之 本人	
生存年金/生存給付金 生存保險金	姓名			關係 被保人之	
滿期保險金 生存保險金 祝壽金	姓名			關係 被保人之	
被保險人身故時（含定期、本人平安保險附約）美滿人生附約	姓名	藍月	等 1 人	關係 被保人之 母	
配偶附加定期保險特約身故時	姓名		等 人	關係 配偶之	

配偶、子女附加平安保險附約身故時
罹患重大疾病時
符合生命末期狀態時
符合長期看護狀態時
單親型、雙親型防癌附約之配偶子女因癌身故時

受益人為主契約之被保險人

※本保障單的紅利由要保人申領，但在本公司給付受益人保險金而契約終止之情形下，要保人未受領的部份，由受益人領取。
※防癌終身（定期）健康保險附約之被保險人因癌症身故時，其身故保險金由主約之身故受益人領取。
※各種附約醫療保險金之給付，受益人依契約條款規定辦理。
※實支實付型醫療保險受益人，申請給付時須提具收據正本；惟被保險人於投保時已通知本公司有投保其他商業實支實付型醫療保險，而本公司仍承保者，本公司對同一保險事故同一保險別條款約定負給付責任。如有重複投保而未通知本公司者，本公司對同一保險事故中已獲得社會保險或其他人身保險契約給付的部份不負給付責任，惟須退還該年度被保人附加此實支實付型醫療保險已繳之保險費。另以全民健康保險身份投保實支實付型醫療保險者，若未提出以此身份就診之證明時，本公司將依各該險別條款約定之方式給付保險金。

第一次買保險就上手 109

要保事項

就是你所買的保障，包括保險產品名稱、投保額度、繳費期間等，通常以你認可的保險計畫書為依據填寫。

國泰 鍾愛終身 壽險要保書
險別代號(JB_)

契 約 項 目	投保金額	保 險 費	項目
保險始期 中華民國　年　月　日			保險終期 終身險繳費 削減給付 短期加保
被保險人年齡(中) 42 歲	繳 費 方 法(土)		繳費年期
繳費年期 20 年限繳 / 歲滿期	①月 ②季 ③半年 ④年 ⑤臺		
主契約(土)保險金額	100萬	2600	主契約①
定期保險特約 ①		萬元	①
配偶定期保險特約 ②		萬元	②
防癌健康附約 □定期 ☑終身 Ⓐ個人型 Ⓑ單親型③ Ⓒ雙親型	2 單位	460	Ⓐ Ⓑ③ Ⓒ
住院醫療日額給付保險附約 ④		元	④
溫心住院日額附約保費合計 ⑤			⑤
平安保險附約 傷害死殘保費合計 ⑥		545	⑥
住院日額保費合計 ⑦		50	⑦
每次傷害醫療保險金保費合計 ⑧		27	⑧
溫情住院醫療保險附約保費合計 ⑨		274	⑨
保險費豁免附約（保額係主被保險人之主約、本人附約保費合計）⑩			⑩
兒童傷害保險附約		單位	
保 險 費 總 計		3956	保險

契約項目		要 保 事 項				
		本 人	配 偶	子女(1)	子女(2)	子女(3)	子女(4)
溫心住院日額附約	每日日額	元	元	元	元	元	元
	保 險 費	元	元	元	元	元	元
	傷害死殘 保額	500萬元	萬元	萬元	萬元	萬元	萬元

（續前頁）

	年	月	日
除外責任		團體種類	
別	職	集體彙繳件	

保　險　費	本公司附加條件批註
萬 千 百 拾 元	

職　業　分　類

本　人	第　　　類
配　偶	第　　　類
子女( )	第　　　類
子女( )	第　　　類

承　保　事　項

偶	子女(1)	子女(2)	子女(3)	子女(4)
元	元	元	元	元
元	元	元	元	元
萬元	萬元	萬元	萬元	萬元

1.相線框內部分由建公司填寫。 2.要保事項如有異動，概以此欄為準。

投保年齡

人壽保險的保費計算是以被保險人的投保年齡（保險年齡）為計算基礎，計算方式是以繳交第一期保費當時的年月日減去被保險人的出生年月日，得出的數字則為投保年齡。如果月的部分超過6個月，要加計1歲。例如李小明的生日為1965年8月7日，繳交首期保費的日期為1999年5月25日，計算結果是33年9個月又18天，則投保年齡是34歲。

繳費年限

一般而言可分為：（1）固定年限，如繳10年、20年等；（2）指定到期歲數，如指定繳費至55歲；（3）終身：活多久繳多久。不過每家保險公司的規定不同。

繳費方式

有一次繳付及分期繳付2種。若採一次繳付方式繳清所有保費，稱為「躉繳」；採用分期繳付又可分為年繳、半年繳、季繳、月繳等方式，可視自身的需求及經濟狀況做選擇。詳見第96頁。

主契約

就是主契約單，有時稱為主壽險，指本身就可以單獨販售的保單，例如終身保險、定期險等。

附約

就是附加契約，指不能單獨販售的保單，你必須買了主契約以後才能投保，例如住院醫療險、失能險等。

批註

相當於特別條款，可用來擴充或縮小雙方的權利義務或承保範圍，例如以批註約定因某種疾病而造成死亡或殘廢，保險不負賠償責任。還有另一種批註是列在保單上的，如地址、要保人、受益人……等的變更，也是以「批註」的方式做變更。

第一次買保險就上手 **111**

自動墊繳保險費

　　這算是保單條款中很重要的權益。若你選擇自動墊繳，萬一在繳費限期內仍未繳費，如果保單已累積了若干價值準備金（見第99頁），保險公司會將準備金逐日轉出，為保戶墊繳保費，不過墊繳期間要付利息。若墊繳金額加利息超過保單價值準備金，保險契約就會停效。

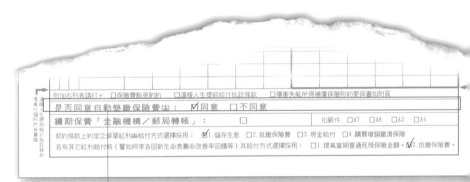

為避免一時疏忽，忘了繳保險費，可以在填要保書時選擇「自動墊繳」。保險公司就會以保單累積的責任準備金轉出墊繳保費。

續繳保費

　　你可以視自己的需求及方便，由以下4種方式中選擇：（1）自行繳交；（2）請保險業務員收款；（3）自動轉帳；（4）信用卡繳費。使用後2種方式通常可以享有1%的保費折扣。

1.自行繳交
於限定的日期前，拿著保險公司寄發的繳費通知單，到保險公司指定的金融機構，如銀行、郵局繳交。

3.自動轉帳
請保險公司寄自動轉帳同意書給你，填妥後，拿到保險公司指定的金融機構辦理。保險公司會直接從客戶的銀行或郵局帳戶提取保險費。

要保書
續繳方式有4種

2.派員收費
　　由保險公司派收費員或保險業務員當面收取。

4.信用卡繳費
向保險公司要一份信用卡繳費同意書，填妥後寄回。保險公司會直接向你的信用卡發卡銀行請款。

保單紅利

　　保險業務員常會告訴客戶，「你買的保險有保單紅利，可以分紅。」到底分什麼紅？怎麼分紅？

　　人壽保險屬於長期的契約，保險公司要根據未來要支付的保險金計算保戶投保時應該繳多少保費，計算的標準是依照預估的死亡率、利率和營

□附約	□溫暖人生提前給付批註條款		□傷害失能所得補償保險附約要保書如附頁			
字(宙)：	☑同意	□不同意				
部局轉帳」：		□		扣薪件 □A7	□A8	□A3
式選擇採用：	☑1.儲存生息	□2.抵繳保險費	□3.現金給付		☑4.購買增額繳清保險	
新生命表壽命改善率回饋等）其給付方式選擇採用：			□1.提高當期普通死殘保險金額。		☑2	

業費用精算出來的。如果實際發生的結果比預估的情形要好，就會有盈餘產生，讓保險公司可以按照一定比率分配紅利給投保人，這就是「保單紅利」。但是相反地，如果算出來的結果並沒有盈餘產生，那麼你也就領不到紅利了。

儲存生息
積存應領的保單紅利直到契約終止，或在中途領取。積存的利率依照財政部核定的紅利分配利率（加權平均）以複利計息。

抵繳保費
以保單紅利抵繳下一期保費，這是目前最普遍的選擇方式。

現金給付
以現金方式支付。

增加保險金額
將保單紅利用來購買繳清保險增加保險金額，也就是將增加的保額，用保險公司給付的紅利一次付清，如此保額會年年上升，增加的保險金額不需再經過核保。

info

保單分紅通常是根據保險種類、保險經過期間、保險金額擬定分配方式，在保單的周年日分配給保戶，所以每個人的分紅情形也會有差異。雖然所有的保險公司或保單都會分配紅利，不過有些公司的保單紅利微乎其微。

繳費。

簽名用印須知

填寫要保書時，若填寫錯誤有修改的地方簽名或蓋章。

你可以使用印鑑，也可以使用簽名，但是務必要由本人簽名、用印，絕不可由保險業務員或其他人代簽、代刻印鑑，以免日後辦理理賠或保單運用時，權益受損或產生紛爭。保險公司可以因不是本人親自簽名而不理賠。

必須由本人簽名或蓋章。

也必須由本人簽名或蓋章，但若被保險人未滿7歲，無法簽名蓋章，可以由法定代理人（即監護人）代簽。

法定代理人簽名或蓋章。

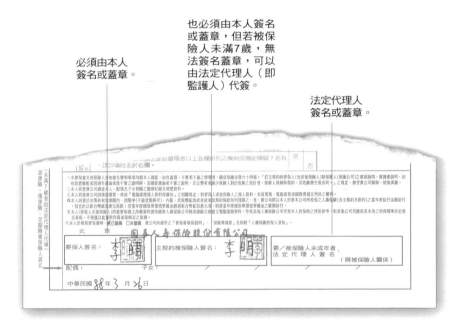

代簽名就拿不到錢

可能被代簽名的項目	可能引發的後果
要保書	保單無效，得不到理賠
保單貸款申請書	被冒充貸款，自己一毛錢都拿不到，反變成欠保險公司錢。
保戶房屋貸款	可能被冒充貸款，自己拿不到錢，變成欠保險公司錢，而且可能要負債20～30年。
解約申請書	解約金被冒領。
受益人的變更	受益人成為不是自己所期望的對象。
理賠的申請	理賠金被冒領。
契約轉換	保單設計不適合自己的需要，也可能損失原來的部分保障及繳交的部分保費。

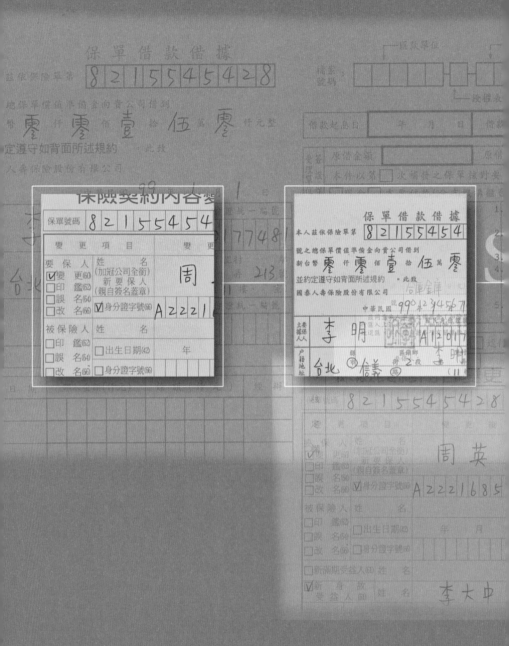

保單借款借據

茲依保險單號 | 8 | 2 | 1 | 5 | 5 | 4 | 5 | 4 | 2 | 8 |

區域單位

檔案
號碼

按揭表

總保單價值準備金向貴公司借到
幣 零零零壹拾伍萬零 仟元整
定遵守如背面所述規約 。此致
人壽保險股份有限公司

借款起息日　　年　月　日　借

原借金額

本件以第　□次補接之保單接對要

保險契約內容變

保單號碼 | 8 | 2 | 1 | 5 | 5 | 4 | 5 | 4 |

變　更　項　目	變　更
要 保 人	姓　名 (加冠公司全銜)	
☑變　更(60)	新要保人 (親自簽名蓋章)	周
□印　鑑(62)		
□誤　名(64)	☑身分證字號(66)	A Z Z 2 1
□改　名(66)		
被保險人	姓　名	
□印　鑑(62)	□出生日期(42)　　年	
□誤　名(64)	□身分證字號(66)	
□改　名(66)		

保單借款借據

本人茲依保險單 | 8 | 2 | 1 | 5 | 5 | 4 | 5 | 4 |
號之總保單價值準備金向貴公司借到
新台幣 零零零壹拾伍萬零 仟零 萬零
並約定遵守如背面所述規約 。此致
國泰人壽保險股份有限公司
中華民國 99 年 12 月 456 7

立要保人 李明　A12017
戶籍地址 台北　信義

保險契約內容變

保單號碼 | 8 | 2 | 1 | 5 | 5 | 4 | 5 | 4 | 2 | 8 |

變　更　項　目	變　更
要 人	姓　名	
☑變　更	(加冠公司全銜) 新要保人 (親自簽名蓋章)	周 英
□印　鑑(62)		
□誤　名(64)	☑身分證字號(66)	A Z Z 2 1 6 8 5
□改　名(66)		
被保險人	姓　名	
□印　鑑(62)	□出生日期(42)　　年　月	
□誤　名(64)	□身分證字號(66)	
□改　名(66)		
□新滿期受益人(60)	姓　名	
☑新 身 故 受益人(60)	姓　名	李大中

第七篇
別讓保單睡著了
step by step

千萬別以為投保之後就能高枕無憂，

建議你每隔一段時間

「檢討」和「調整」你的保單。

本篇教你

☑ 掌握調整保單的時機

☑ 用保單借錢

☑ 繳不出保費時的急救法

☑ 保單遺失的補發流程

☑ 算一算解約是否划算

適時調整保單

買了保險之後，不要就把保單鎖進保險櫃，束之高閣，個人或家庭情況若有變化，就該重新檢討你的保險，做必要的調整。一般來講，下列事項常會促使你重新評估保險計畫，調整保障內容或保單的組合。

婚姻狀況改變
1.結婚
2.離婚
3.再婚

工作變換
1.換工作
2.配偶更換工作
3.開始做生意（事業）
4.結束生意（事業）

經濟上的改變
1.經濟狀況有突然的改變
2.有了沈重的財務負擔
3.結束了沈重的財務負擔
4.買房子

家庭成員改變
1.生小孩
2.領養小孩
3.親戚來依靠你生活
4.必須撫養年老的雙親、
　殘障的親戚或小孩
5.孩子結婚，獨立生活

家人死亡
1.孩子去世
2.配偶去世
3.依賴你生活的其他親
　人去世

你應該考慮
調整保單……

變更要保人或受益人

要變更要保人、受益人、住所及其他資料性內容，只要填寫契約內容變更申請書，經保險公司同意就可以。

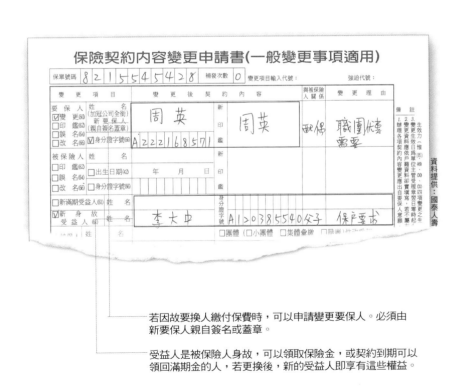

若因故要換人繳付保費時，可以申請變更要保人。必須由新要保人親自簽名或蓋章。

受益人是被保險人身故，可以領取保險金，或契約到期可以領回滿期金的人，若更換後，新的受益人即享有這些權益。

減少保險金額

保障額度不需要投保當初那麼多或希望減少保費負擔,可以辦理減少保額。減少的保障額度視同「部分解約」,保險公司會依要求按比率退還解約金,保戶也可利用這筆解約金抵繳保費。

我可以拿回多少錢?
假設由終身險100萬元減為60萬元

step 1 算出減少金額

$$100萬元－60萬元＝40萬元$$

step 2 算出減少金額占原保額比率

$$40萬元÷100萬元×100\% ＝40\%$$

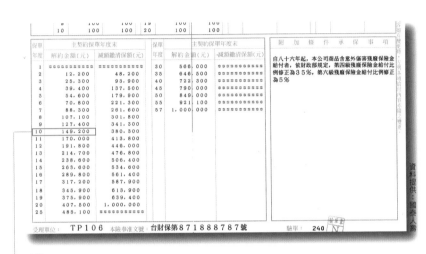

保單年度	主契約保單年度末		保單年度	主契約保單年度末		附 加 條 件 承 保 事 項
	解約金額(元)	減額繳清保額(元)		解約金額(元)	減額繳清保額(元)	自八十六年起，本公司商品含意外傷害殘廢保險金給付者，依財政部規定，第四級殘廢保險金給付比例修正為35%，第六級殘廢保險金給付比例修正為5%
1	=========	=========	30	566,000	=========	
2	12,200	48,200	35	646,500	=========	
3	25,300	93,900	40	722,300	=========	
4	39,400	137,500	45	790,000	=========	
5	54,600	179,900	50	849,000	=========	
6	70,800	221,300	55	921,100	=========	
7	88,300	261,600	57	1,000,000	=========	
8	107,100	301,800				
9	127,400	341,300				
10	149,200	380,300				
11	170,000	413,800				
12	191,800	446,000				
13	214,700	476,800				
14	238,600	506,400				
15	263,600	534,600				
16	289,800	561,400				
17	317,200	587,900				
18	345,900	613,900				
19	375,900	639,400				
20	407,500	1,000,000				
25	485,100	=========				

受理單位： TP106　本險奉准文號：台財保第871888787號　驗單： 240

step 3 從保單找到解約年數及金額

假設第10年解約，可拿到149,200元

step 4 算出可退還金額

149,200元×40% ＝59,680元

退還金額有2種運用方式

1. 領回　　　　　**2.** 抵繳續期保費

增加保險金額

保險需求增加，需要較高保額的保障時，可以就原保單辦理增加保額（俗稱「加保」）。當然，你也可以另外買份保險，但增加保額的好處是，所增加保障額度的生效日是追溯到投保開始日，而且增加金額的保險費是以投保時的年齡計算。

加保比加買划算

假如小麗在30歲投保繳費20年的終身壽險200萬元，保費20,800元，
4年後，她要增加40萬元的保額……

A 加保

1. 加保部分的年齡以30歲計算
2. 新增40萬元保額的保費為4,160元
3. **新主約保費＝原主約保費＋新增保費**
   ＝20,800 元＋4,160 元＝24,960 元
4. 必須補繳30-34歲的責任準備金，約9,280元

B 加買

1. 投保年齡以34歲計
2. 若買15年期，保費為6,920元
3. **原主約保費＋新主約保費＝20,800 元＋6,920 元＝27,720 元**

註：以上數據資料由國泰人壽根據實際數值以電腦計算結果。

一般公司通常規定，只能在結婚、生子或滿5年（有些是3年）才能加保。

Info

通常加保須通過健康檢查，不過有些保險公司會在保單條款中列有優惠條件，例如投保後每5年可以增加20%或25%的壽險保障額度，不需要再做健康檢查。

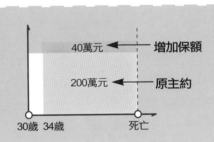

40萬元 ◀——— 增加保額

200萬元 ◀——— 原主約

30歲 34歲 　　　 死亡

20,800 元 +4,160 元 =24,960 元

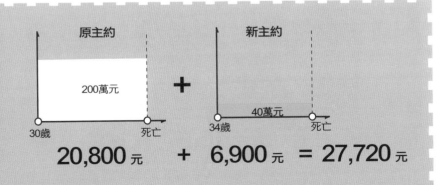

原主約

200萬元

30歲　　　　死亡

+

新主約

40萬元

34歲　　　死亡

20,800 元 **+** 6,900 元 = 27,720 元

轉換保單

如果你基於需要希望將養老險改為終身險，或將定期保險改為養老險，可以透過申請轉換保單來達成。保單一經轉換，轉換後的保單可追溯至最初的投保日，視同保戶一開始就是購買轉換後的保單。一般而言，保單的轉換有2種方式：

1.保費對保費

儲蓄險100萬元（繳費期滿可領回100萬元滿期金）投保年齡15歲	5年後轉換	終身險1,115萬元（身故才能領回）可退27,000元

同保費轉換
也就是原繳保費額度內，做險種的更換，例如可以將較高保額的定期險（例如200萬元），轉換為保額較低（可能為100萬元）的終身險。

2.保額對保額

儲蓄險100萬元（繳費期滿可領回100萬元滿期金）投保年齡15歲	5年後轉換	終身險100萬元（身故才能領回）可退21萬元

同保額轉換
也就是同樣保障額度的險種轉換，不同保單的價值準備金不同，所以轉換時保險公司也會退還差額或要求客戶補齊轉換後當年度的價值準備金。

轉換保單要補繳費嗎?

A 轉換同保額、保費較高保單
1. 投保年齡仍以15歲計
2. 必須補繳1995年8月1日至1999年
   5月2日的責任準備金

2015
7/31
繳費期滿

1995
8/1

1999
5/2 轉換年齡19歲

投保年齡15歲
原保單:
儲蓄保險100萬元、繳費20年期

7/31

B 轉換同保額、保費較低保單
1. 投保年齡仍以15歲計
2. 保險公司會退還轉換後的差額

轉換保單要注意

　　由於每一種保險的保費高低有別,保險公司為避免逆選擇,對高保費的保單(例如養老險)要改為低保費的保單(例如終身險),往往會要求客戶提供健康聲明書,如果低保費保單改為高保費保單,通常無此限制。

info

投保之後前2年及繳費期滿前2年都無法轉換保單,也就是你必須於投保後第3年至第18年之間才可以轉換保單。

利用保單借錢

　　如果你投保的是終身壽險或兼顧保障及儲蓄的養老保險，連續繳費2年以上，並累積相當金額的責任準備金，便可憑保單向投保的保險公司辦理「保單質押貸款」。但可貸得的金額不是所投保的保險金額，也不是已繳保費的總額，通常是解約金的8～9成。解約金的金額可以在保單的解約金表中找到，當然這是必須付利息的。

如何辦理保單質借

1.親自辦理（最快10～30分鐘）

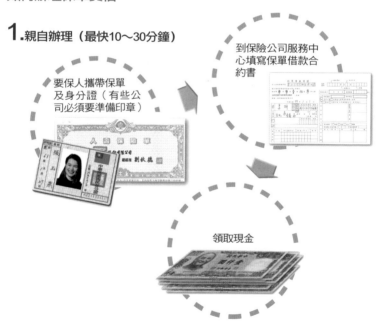

要保人攜帶保單及身分證（有些公司必須要準備印章）

到保險公司服務中心填寫保單借款合約書

領取現金

借款利息怎麼算？

貸款須付利息，利率通常是當時台灣銀行、第一銀行、合作金庫、中央信託局四行庫的2年期定期存款最高利率平均後再加1％。貸款期間，保費仍然要繼續繳付，才能維持保單效力。若貸款本息超過保單責任準備金，保險效力就會終止。

2.請業務人員代辦（須3天時間）

保單質押貸款是資金運用上的一種便利，因此投保時由保險業務員代填要保書、代簽字和代刻印章，小心被冒貸。防範之道就是親自填要保書、親筆簽名蓋章。若已經發生趕快與保險公司聯絡，核對筆跡，若確定是冒貸，就可以不用負擔債務。

要保人填保單借款合約書並簽章

交保險業務員將資料交公司服務中心

匯款入保戶帳戶

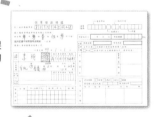

第一次買保險就上手

1
2
9

注意保單停效與失效

　　買了保險之後就要持續繳納保費，投保人未繳保費並經保險公司催告，30日內仍未繳費或清償積欠貸款的本息時，第二天零時起，就會造成保單停效。停效期間並無保障，如果被保險人不幸死亡、殘廢或遭受傷害，保險公司都不負賠償責任

　　不過，停效期間只有2年，2年內若不辦理復效，繼續繳費，保單效力就永久喪失，造成失效，日後必須重新投保才能獲得保障。

1999 1/20	1/31	2/10	3/12
保險公司寄繳款通知（於1/31前繳款）	未繳款	催告 限年繳及半年繳，月繳及季繳不做催告，保戶須特別注意。	未繳款

停效
停效期間並無保障，如果被保險人不幸死亡、殘廢或遭受傷害，保險公司都不負賠償責任。但若這段期間內恢復繳款，則可申請恢復效力。

停效≠失效

　　停效並不是失效，只是效力暫時中止，2年內如果繼續繳款則可申請恢復效力。不過，2年期限一過，不再繼續繳費，保單效力就永久喪失，造成失效。

Info

為避免一時疏忽，忘了繳保險費，你可以選擇下列方式：
1. 辦理自動墊繳，見第112頁。
2. 辦理自動轉帳，見第113頁。

2001
3/12

停效　　　失效

失效
保單一旦失效，日後必須重新投保才能夠獲得保障，屆時因年歲較高，當然會增加保費的負擔。

第一次買保險就上手

131

繳不出保費怎麼辦

買了保險以後，如果經濟情況有問題，造成繳費有困難，該怎麼辦呢？如果不是完全付不出來，而是只能繳部分保費，你可以考慮從2方面著手：（1）調整保單；（2）改變繳費方式。

調整保單

將高保費保單轉為低保費保單，降低保費負擔，例如將儲蓄險改為終身險，並減少保額，再將減少的金額，投保保費更低的定期險或意外險補足。調整方式可以有以下2種：

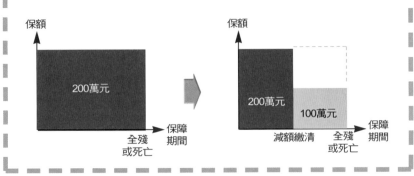

1.辦理「減額繳清保險」
也就是將原有保單改變為險種相同、保障期間相同，但保額較低的保險，而不需再繳納保費。例如繳費若干年後將保額200萬元的終身險辦理繳清，改為保額102萬多元的終身險，不再付費。可以辦理減額繳清的保險以終身險或儲蓄險為主。

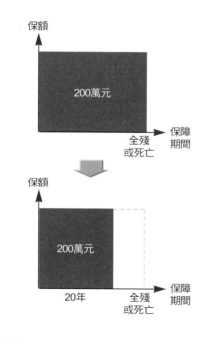

2.辦理「展期保險」

也就是轉換險種，將保單當時累積的價值準備金，一次付清保費，購買保費較便宜的定期保險，而不改變原有的保障額度。例如將保額200萬元的終身險，改為保額200萬元的20年期定期保險，不再繳保費。通常適用於投保終身險、養老險的人。

1. 辦理減額繳清後，不但保障隨之減少，附約也跟著終止，且日後不能再回復為原來的保單，也不能增加保額。
2. 辦理展期後，附約也會終止，且保障期間也縮短為定期險的年限，萬一保險期滿後出險死亡，就得不到保障。

改變繳費方式

正因為繳不出保險費，你必須盡可能少繳保費或將大筆的保費分多次繳付，以下有3種方式供參考。

將年繳改季繳或月繳

由於年繳一次要繳付較多金額，你可以考量改為季繳或月繳，雖然含息較不划算（一年總繳金額會較年繳來得高），但可暫時減少每次要繳付較大筆保費的負擔。

利用金融機構轉帳或信用卡繳保費

利用這種方式，可以少繳1％的保費。例如年繳保費25,000元，若你以信用卡或自動轉帳方式繳款，則可少繳250元（25,000×1％）只要繳24,750元即可。

利用「保費自動墊繳」

在填要保書時，若有勾選這個選項，則繳不出保費時，保險公司會以你的保單所累積的責任準備金暫時墊付一段時間。

保險單遺失怎麼辦

　　保險單是投保人和保險公司雙方權利義務的書面憑證，也是申請理賠的依據。如果保單遺失了，應儘速申請補發。申請補發除填具補發保險單申請書外，有的公司規定要登報聲明作廢。

　　申請補發須繳納新保險單的工本費，接到新單時，應詳細檢查，看看各種基本資料和條件的記載，是不是與舊單相同，如果有不同，應及時洽詢更正。

向保險公司或業務員索取契約變更申請書

要保人填妥保單補發申請書，並親自簽章

申請保單補發

將契約變更申請書及工本費（100~200元）寄回保險公司服務中心或交業務員

製發新保單（約須1周時間）

要不要解約

很多人都以為解約可以退回所繳保費，建議你不要有太大寄望。

因為解約會造成保險公司資金運用不利，以及費用無法攤提的不良影響，所以保險公司會收取解約費用作為補償，而且解約的年期越早，解約費用所占比率越高。要不要解約，你可以自己根據下列步驟算算看。

通常投保後一年內解約，由於尚未累積多少準備金，可以說是領不到解約金。

解約划算嗎？

假設每年保費44,955元，投保後第5年想解約

step 1 算一算總共繳了多少保費

$$44,955 \text{元} \times 5 \text{年} = 224,775 \text{元}$$

step 2 找出解約金額，由保單中的解約金表中可知：

第5年解約只能拿回 54,600元。

保單年度	主契約保單年度末		保單年度	主契約保單年度末		附加條件承保事
	解約金額（元）	減額繳清保額（元）		解約金額（元）	減額繳清保額（元）	
1	＊＊＊＊＊＊＊＊＊＊	＊＊＊＊＊＊＊＊＊＊	30	566,000	＊＊＊＊＊＊＊＊＊＊	自八十六年起，本公司商品含意外保險豁
2	12,200	48,300	35	646,500	＊＊＊＊＊＊＊＊＊＊	給付者，依財政部規定，第四級殘障保險金
3	25,300	93,900	40	722,300	＊＊＊＊＊＊＊＊＊＊	例修正為35％，第六級殘障保險金給付比
4	39,400	137,500	45	790,000	＊＊＊＊＊＊＊＊＊＊	為5％
5	54,600	179,900	50	849,000	＊＊＊＊＊＊＊＊＊＊	
6	70,800	221,300	55	921,100	＊＊＊＊＊＊＊＊＊＊	
7	88,300	261,600	57	1,000,000	＊＊＊＊＊＊＊＊＊＊	
8	107,100	301,800				
9	127,400	341,300				
10	149,200	380,300				
11	170,000	413,800				
12	191,800	446,000				
13	214,700	476,800				
14	238,600	506,400				
15	263,600	534,600				
16	289,800	561,400				
17	317,200	587,900				
18	345,900	613,900				
19	375,900	639,400				
20	407,500	1,000,000				
25	485,100	＊＊＊＊＊＊＊＊＊＊				

受理單位： TP106 本險率準文號：台財保第871888787號 驗單： 240

解約會有4種損失

保險公司和業務員常會提醒保戶，解約會造成以下的損失：

1.保險的保障立刻消失。

2.年齡越大，保費越高，日後再重新投保，保費會比較高。

3.日後再投保，可能因健康發生變化被拒保或須加費投保。

4.保險公司接受保戶投保，保留有「契約解除權」，也就是客戶投保時有病未告知，若在2年內被保險公司發現，保險公司可主張解除契約，超過2年，就不能解除。解約再保，這2年要從再保時重新計算。

 計算盈虧

$$Step2 - step1$$
$$= 54,600_{元} - 224,775_{元}$$
$$= -170,175_{元}$$

由上述計算結果可知，若於第5年解約將

虧損 **170,175** 元（但有5年保障）

不是每一種保單都有解約金，一般來說，終身險、儲蓄險等主契約保單才有解約金，附加契約如健康險、防癌險及意外險，保單價值準備金很少（或沒有），可能無解約金或解約金很低。

國泰人壽保險股份有限公司理賠

分公司　調

月　　　以　號文轉　通訊處

申請日

主約保額 100 萬　事故原因

事故時職業

醫　院　別

	年 月 日	死亡日期	年 月

者 與	☑本人	□配偶	□父
險 人	□子女14歲以上		
係	□子女未滿14歲		

	申	☑死亡	□結婚津貼	□失能
外險	請	□殘廢	□生育津貼	□本人住
工福團	項	☑重大疾病	□喪葬津貼	□眷屬住
	目	□溫暖人生	□健康醫療	□本人門
		☑防癌	□傷害醫療	□豁免附

原　因	初次罹患肝癌
及員警姓名	

被　保　險　　關　係

申　請　　險　別

□壽險	□殘廢	☑重大疾病	□健康醫療
□意外險	□溫暖人生		□傷害醫療
□員工福團	☑防癌		
□團險			

事　故　原　因　　初次罹患肝癌

處理單位及員警姓名　　李明

受　益　人

（非死亡者作為事故者本人）

身　份　證　字　號　A1 2 0 1 7 7 4 8

地　址　○○縣○○市（區鎮鄉）信義 街 路 2 段 巷 弄 13 號

（白天聯繫地址）公○○-○○○○○65 宅：

話　公○○-○○○○○

□現金

□支票　分(支)行庫名稱

第八篇
向保險公司索賠

step by step

不懂正確的索賠方法，可能會浪費時間，
甚至拿不到錢。

本篇教你

☑ 申請理賠的步驟

☑ 填寫理賠申請書

☑ 準備各種證明文件

☑ 對付不肯理賠的保險公司

如何辦理理賠申請

如果事故發生以及造成的損失符合保險契約中約定的保障範圍和要件，只要能提出相關證明，申請理賠，應該都可以獲得應有的補償。

申請理賠有以下3個主要程序，你最好循序辦理不要有疏漏。

step 1 通知保險公司
按壽險保單條款的規定，保險事故發生後，受益人或要保人應該在10日內通知保險公司，以方便對方處理理賠。

step 2 準備相關證明文件
辦理理賠要準備相關的證明文件（見第144頁），切勿因疏忽而得不到理賠，或保險給付被打了折扣。

保什麼賠什麼

　　向保險公司申請理賠，必須注意不同的險種有不同的保障內容和範圍，所以投保時務必要清楚保了什麼。例如有投保健康保險才能得到醫療給付，只投保定期險或終身險就沒有這方面的給付。

向保險公司提出申請
保險公司會在收齊證明文件後15日內給付保險金，否則必須加計延遲給付期間的利息。

向保險公司提出通知

按壽險保單條款的規定，保險事故發生後，受益人或要保人應該在10日內通知保險公司，以方便對方處理理賠。你可以電話或函件向保險公司內部下列人士提出通知：（1）你的保險業務員；（2）保戶服務中心；（3）理賠部。

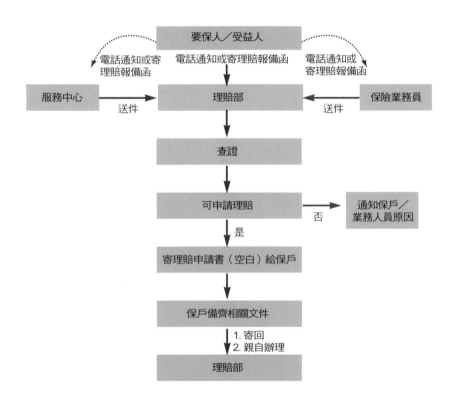

填寫理賠申請書

當保險公司查證投保人的申請屬實，可獲得理賠後，將寄一份理賠申請書給保戶，保戶只要將理賠申請書填妥，連同相關證明文件備齊，可以下列2個方式辦理：（1）親自辦理；（2）郵寄。

保單主約內容
包括：（1）保單號碼；（2）主約名稱；（3）保障額度；（4）被保險人；（5）投保日期。

申請險種及事故原因
不同的險種有不同的保障內容和範圍，必須根據事故的內容，申請相關的理賠，例如生病死亡就不能申請意外傷害險理賠。

受益人
也就是支領保險金的人，請詳填基本資料並親自簽名或蓋章。

付款方式
你可以有以下幾種選擇：（1）支票；（2）現金；（3）匯撥轉帳。若選擇轉帳方式，必須填清楚轉入行庫名稱及帳號。

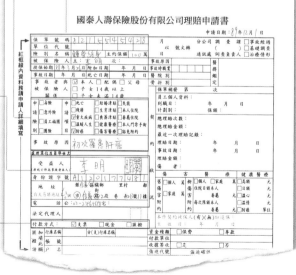

第一次做保險就上手 **1 4 3**

資料提供：國泰人壽

保險理賠證明文件

若保險公司查證確實可獲得理賠，會通知你備齊相關文件。各險種要準備的證明文件不同，下表是所有保險種類申請理賠時，應備文件一覽。

保險金種類理賠文件	生存保險	死亡保險		住院醫療保險
	生存滿期	身故	殘廢	醫療
保險金理賠申請書*	✓	✓	✓	✓
保險單或其謄本	✓	✓	✓	✓
意外傷害事故證明文件				
相驗屍體證明書或死亡診斷書		✓		
被保險人除戶戶籍謄本		✓		
受益人的身分證明	✓	✓	✓	
殘廢診斷書			✓	
醫療診斷書或住院證明				✓
醫療費用明細或醫療證明文件（或醫療費用收據）				✓
相關檢驗或病理切片報告				
服務單位開列之請假證明書（受雇者）				
最後一次繳費證明				
就職或復職文件及工作報酬證明文件				
統一發票或證明文件（購買個人行動輔助裝置）				

重大疾病保險			癌症保險		失能保險				傷害保險			旅行平安保險		
身故	殘廢	重大疾病	身故	醫療	全部失能	部分失能	復健門診住院醫療	傷殘裝置	身故	殘廢	醫療	身故	殘廢	醫療
✓	✓	✓	✓	✓	✓	✓	✓	✓	✓	✓	✓			
✓	✓	✓	✓	✓	✓	✓			✓	✓	✓	✓	✓	✓
									✓	✓	✓	✓	✓	✓
✓			✓						✓			✓	✓	✓
✓			✓						✓			✓		
✓	✓		✓						✓	✓	✓	✓		
	✓				✓					✓		✓	✓	✓
		✓	✓		✓		✓				✓		✓	
			✓				✓				✓			✓
		✓												✓
					✓									
					✓	✓								
						✓								
								✓						

註：＊經保險公司查證，核可理賠後，將提供該份理賠申請書給申請人，見第143頁。

對方不賠怎麼辦

買了保險以後發生意外事故要求理賠時，可能會碰到保險公司不賠的情形。碰到這種情形，該怎麼辦呢？你可依下列方式處理。

向有關機關提出申訴
若雙方對理賠原因或理賠要件的認定有疑義，相持不下時，可以向財政部保險司申訴線或消費者文教基金會提出申訴。

請保險公司解釋不賠理由
保險公司不是事事都賠，有些保單本身就有除外不賠條款（見第152頁），意外險理賠則必須符合一定的殘廢程度（見附錄第148頁），如果保險公司按這些約定辦理不賠，並沒有錯，如果不是這樣，就可以據理力爭。

走法律途徑提出告訴
走上法庭是最不得已的階段，由法院判定保險公司該不該理賠。判決結果有時對投保一方有利，有時則對保險公司有利，必須「試了才知道」。

金手指事件

　　國內曾有一被保險人在出國旅行前陸續向好幾家保險公司投保旅行平安險，累計投保金額高達2億1千萬元。後來在大陸被人切斷食指，被保險人向保險公司要求理賠保險金額的10%（傷害保險第6級第27項，此項現已降為保額的5％），約2,100萬元，各保險公司以該保戶投保金額太高有道德危險而不理賠，最後雙方告到法院去。

申訴管道與諮詢機構

	單位	地址	電話
申訴單位	財政部保險司	台北市愛國西路2號	(02)2322-8238 (02)2332-8362 (02)2322-8395
	消費者文教基金會	台北市復興南路一段390號10樓之2	(02)2700-1234
諮詢單位	保險事業發展中心	台北市南海路3號6樓	(02)2397-2227
	中華民國人壽保險公會	台北市松江路152號	(02)2561-2144 080-221-348
	中華民國產業保險公會	台北市南京東路2段125號13樓	(02)2507-1566

附錄

殘廢程度與保險金給付表

等級	項別	殘廢程度	給付比率
第一級	1	雙目失明。	100%
	2	兩手腕關節缺失或兩足踝關節缺失者。	
	3	一手腕關節及一足踝關節缺失者。	
	4	一目失明及一手腕關節缺失或一目失明及一足踝關節缺失者。	
	5	永久喪失言語或咀嚼機能者。	
	6	四肢機能永久完全喪失者。	
	7	中樞神經系統機能或胸、腹部臟器機能極度障害，終身不能從事任何工作，為維持生命必要之日常生活活動，全須他人扶助者。	
第二級	8	兩上肢、或兩下肢、或一上肢及一下肢，各有三大關節中之兩關節以上機能永久完全喪失者。	75%
	9	十手指缺失者。	
第三級	10	一上肢腕關節以上缺失或一上肢三大關節全部機能永久完全喪失者。	50%
	11	一下肢踝關節以上缺失或一下肢三大關節全部機能永久完全喪失者。	
	12	十手指機能永久完全喪失者。	
	13	十足趾缺失者。	

等級	項別	殘廢程度	給付比率
第四級	14	兩耳聽力永久完全喪失者。	35%
	15	一目視力永久完全喪失者。	
	16	脊柱永久遺留顯著運動障礙者。	
	17	一上肢三大關節中之一關節或二關節機能永久完全喪失者。	
	18	一下肢三大關節中之一關節或二關節機能永久完全喪失者。	
	19	一下肢永久縮短五公分以上者。	
	20	一手含拇指及食指有四手指以上缺失者。	
	21	十足趾機能永久完全喪失者。	
	22	一足五趾缺失者。	
第五級	23	一手拇指及食指缺失、或含拇指或食指有三手指以上缺失者。	15%
	24	一手含拇指及食指有三手指以上機能永久完全喪失者。	
	25	一足五趾機能永久完全喪失者。	
	26	鼻缺損,且機能永久遺留顯著障礙者。	
第六級	27	一手拇指或食指缺失,或中指、無名指、小指中有二手指以上缺失者。	5%
	28	一手拇指及食指機能永久完全喪失者。	

傷害險個人職業分類表

第一類	一般內勤職員，車站站長，建築師，設計師，醫師（船醫除外），護士，教師，學生，宗教人士，雜貨商，汽車及機車買賣商（不含修理），律師，會計師，代書，經紀人，理髮師，家庭主婦，醫務行政及內勤人員。
第二類	一般外勤職員，農夫，農具商，車行負責人（不參與駕駛者），公司收帳員，廚師，工程師及技師（電子、塑膠、水泥、化學原料、汽車、機車製造、紡織及成衣業），記者，助產士，建材商，鐘表匠，傭人，領班（電子業），道路清潔工（不含高速公路）。
第三類	果農，獸醫，自用大小客車司機，大樓倉庫管理員，木匠，裝配修理工（電子、汽車），精神病科醫師，看護及護士，外勤郵務人員，瓦斯管線裝修工及器具製造工，裝備工，一般軍人，警察（負有巡邏任務者），工程師（鐵道、造船、建築公司、鋼鐵廠、電機業），領班（木材加工業、建築工程業、鐵路、道路舖設、鋼鐵廠、鐵工廠、機械廠、電機業、塑膠業、水泥業、家具製造、鐵路貨運）。

第四類	礦業人員（工程師、技師、領班及工人），司機（遊覽車、客運車、小型客貨兩用車、自用貨車），鐵路及道路維護工人（不含舖設工人），鋼鐵廠技工，泥水匠，水電工，游泳池救生員，液化瓦斯送貨員，警備人員，交通警察，領班（造船業者），下水道清潔工，木材加工工人（鋸木工人、防腐劑工人、木材儲藏槽工人、木材搬運工人）。
第五類	海上礦業作業人員，一般船員，碼頭工人及領班，鷹架架設工人，鋼鐵廠工人，銲接工，車床工，海水浴場救生員，動物園飼養人員，高樓外部清潔工，刑警，計程車司機，無線電之電線架設人員，領班（森林砍伐業），鐵路維修工人。
第六類	伐木工人，鋸木工，起電機之操作人，營業用貨車司機及隨車捆工，救難船員，隧道工作人員，消防隊隊員。
拒保	礦工（坑道內作業），潛水工作人員，爆破工作人員，硫酸、鹽酸、硝酸製造工，炸藥業從業人員，戰地記者，特技演員，動物園馴獸師，高壓電工程設施人員，特種兵（傘兵、水中爆破兵、化學兵、負有佈雷爆破任務之工兵）。

各種人身保險除外不賠條款

人壽保險除外不賠條款

1. 要保人故意致被保險人死亡。

2. 受益人故意致保險人於死，但其他受益人仍得申請全部保險金。

3. 兩年內故意自殺或自成殘廢。

4. 兩年內被保險人因為犯罪處死、拒捕、越獄致死或殘廢。

意外險除外不賠條款

1. 要保人、被保險人的故意行為。但若致被保險人傷害而殘廢（除被保險人故意行為外）時，仍給付殘廢保險金。

2. 受益人的故意行為，但其他受益人仍得申請全部保險金。但若致被保險人傷害而殘廢（除保險人故意行為外）時，仍給付殘廢保險金。

3. 被保險人的犯罪行為。

4. 酒後駕(騎)車，吐氣或血液所含酒精成分超過交通規定標準者。

5. 戰爭(不論宣戰與否)、內戰及其他類似的武裝變亂。但契約另有約定者不在此限。

6. 因原子或核子能裝置所引起的爆炸、灼熱、輻射或污染。但契約另有約定者不在此限。

7. 從事角力、摔角、柔道、空手道、跆拳道、馬術、拳擊、特技表演等競賽或表演期間。

8. 從事汽車、機車、自由車等競賽或表演期間。

被保險人因下列原因所致之疾病傷害而住院診療者，保險公司不負給付各項保險金的責任：

1.被保險人之故意行為（包括自殺及自殺未遂）。

2.被保險人之犯罪行為。

3.被保險人因非法吸食或施打麻醉藥品。

被保險人因下列事故而住院診療者，保險公司不負給付各項保險金的責任。

1.美容手術、外科整形或天生畸形。但因遭受意外傷害事故所致之必要外科整形，不在此限。

2.非因治療項目之牙齒手術。但因遭受意外傷害事故所致者，不在此限。

3.裝設義齒、義肢、義眼、眼鏡、助聽器或其他附屬品。但因遭受意外傷害事故所致者，不在此限，且其裝設以一次為限。

4.健康檢查、療養或靜養。

5.懷孕、流產或分娩。但因遭受意外傷害事故所致或醫療行為必要之流產，不在此限。

6.不孕症、人工受孕或非以治療為目的之避孕及絕育手術。

_Easymoney_系列⑧

第一次買保險就上手

策　　畫／易博士編輯室
作　者／陳忠慶、易博士編輯室
責任主編／韓淑真
美術主編／張玉燕
封面設計／王振宇
美術編輯／李慧玲
特約攝影／安三郎

發 行 人／蘇拾平
總 編 輯／沈雲驄
出　　版／易博士文化事業股份有限公司
　　　　　E-mail：easybook@cite.com.tw
發　　行／城邦文化事業股份有限公司
　　　　　台北市信義路二段213號11樓
　　　　　電話：23965698
　　　　　傳真：23570954
郵撥帳號／1896600-4　城邦文化事業股份有限公司
香港發行／城邦(香港)出版集團
　　　　　香港北角英皇道310號雲華大廈4/F，504室
　　　　　電話：25086231
　　　　　傳真：25789337
新馬發行／城邦(新馬)出版集團
　　　　　Penthouse 17,Jalan Balai Polis,50000
　　　　　Kuala Lumpur,Malaysia
　　　　　電話：603-2060833
　　　　　傳真：603-2060633
總 經 銷／農學股份有限公司
　　　　　電話：(02)29178022
製　　版／藝樺設計有限公司
印　　刷／呈運印刷事業有限公司
登 記 證／行政院新聞局局版北市業字第1743號
初　　版／1999年6月5日

定　　價／199元
ISBN:957-708-828-7

國家圖書館出版品預行編目資料

第一次買保險就上手／陳忠慶、易博士編輯室◎著
－－初版－－台北市：易博士文化出版；城邦文化發行，
1999〔民88〕面；　公分－－（easymoney系列；8）
ISBN 957-708-828-7(平裝)

1.保險

563.7　　　　　　　　　　　　88006521